山田　秀 著

# 実験計画法

## 過飽和計画の構成とデータ解析

共立出版

統計学 One Point 23

# 「統計学 One Point」編集委員会

# 「統計学 One Point」刊行にあたって

まず述べねばならないのは，著名な先人たちが編纂された共立出版の『数学ワンポイント双書』が本シリーズのベースにあり，編集委員の多くがこの書物のお世話になった世代ということである．この『数学ワンポイント双書』は数学を理解する上で，学生が理解困難と思われる急所を理解するために編纂された秀作本である．

現在，統計学は，経済学，数学，工学，医学，薬学，生物学，心理学，商学など，幅広い分野で活用されており，その基本となる考え方・方法論が様々な分野に散逸する結果となっている．統計学は，それぞれの分野で必要に応じて発展すればよいという考え方もある．しかしながら統計を専門とする学科が分散している状況の我が国においては，統計学の個々の要素を構成する考え方や手法を，網羅的に取り上げる本シリーズは，統計学の発展に大きく寄与できると確信するものである．さらに今日，ビッグデータや生産の効率化，人工知能，IoT など，統計学をそれらの分析ツールとして活用すべしという要求が高まっており，時代の要請も機が熟したと考えられる．

本シリーズでは，難解な部分を解説することも考えているが，主として個々の手法を紹介し，大学で統計学を履修している学生の副読本，あるいは大学院生の専門家への橋渡し，また統計学に興味を持っている研究者・技術者の統計的手法の習得を目標として，様々な用途に活用していただくことを期待している．

本シリーズを進めるにあたり，それぞれの分野において第一線で研究されている経験豊かな先生方に執筆をお願いした．素晴らしい原稿を執筆していただいた著者に感謝申し上げたい．また各巻のテーマの検討，著者への執筆依頼，原稿の閲読を担っていただいた編集委員の方々のご努力に感謝の意を表するものである．

編集委員会を代表して　鎌倉稔成

# まえがき

デジタルトランスフォーメーション，人工知能 (AI)，機械学習など，情報技術の発展とともに注目を浴びているこれらの考え方，手法はとても有効です．特に，溢れる情報を束ねて結果を予測する時にとても有効です．予測の問題を単純化すると，説明変数 $u$ の水準をもとに目的変数 $v$ の値がどのようになるかを予測することとなります．このためには，説明変数 $u$ と目的変数 $v$ のデータの間に，相関など何らかの関係があればよく，因果の存在は必要ありませんので，データ収集の対象たる系への介入は必須ではなく，観察したデータでもかまいません．したがって，対象とするデータの範囲も広くなり，また量的にも膨大になります．ビックデータという概念や，また，基底関数，カーネル法などアプローチする方法がポピュラーになってきた時には，大量なデータにはその大量さに適した扱い方があるものだと思いました．また，より巨大なデータに対して，数万のハイパーパラメターを持つ深層学習などによる予測に対しても，より巨大であることに適した扱いという思いでいます．

私が統計的手法の適用対象として研究しているのは，顧客，社会への製品，サービスを通じた価値提供マネジメントであり，その原点は統計的品質管理です．その中には予測だけでは解決できない問題が多数あり，その典型が製品開発や技術開発時の設計問題です．製品設計を単純化すると，応答 $y$ の値を好ましくする因子 $x$ の水準を定めるという，系を制御する問題であり，逆推定の問題ともいえます．制御の問題には，応答 $y$ と因子 $x$ の因果関係の存在が必須となり，実験データを適切に収集，解析して，応答と因子の因果関係を定量的に把握する接近法が有効です．製品設計のみならず，技術開発，市場調査，問題解決など，顧客，社会への製品サービスを通じた価値提供のためには，さまざまなところでデータを計画的に収集し，因果を把握し，それをもとに対策をとる必要があります．このデータ収集，解析に貢献する統計的手法が実験計画法です．また，意味のあるデータ収集のためには対象を理解するマネジメント的要素の理解が必要です．これらを包含し，データ収集段階に踏み込むデータサイエンスを研究室の看板として控えめに掲げています．

統計を，国勢調査をはじめとする公的統計，医薬品開発などを含む医療統計，製品開発などの工業統計というように強引に三分割するならば，本書の立ち位置は最後の工業統計です．本来であれば，3 つの立場を俯瞰しながら説明するべきなのですが，浅学さのために工業統計のみの立場から説明していることをご容赦ください．

工業を対象とする実験計画法にも，いろいろなものがあります．本書で取り上げている要因計画，一部実施要因計画などに加え，ブロック計画，実験の無作為化の難易度に基づく分割計画などがあります．また，連続因子に対して 2 次モデルを当てはめる応答曲面法や，田口玄一博士の発案によるパラメータ設計に加え，コンピュータシミュレーションのための計画とデータ解析法などもあります．さらに数学的な側面からは，計画の基準を設けてそれを最適化する最適計画や，代数的な取り扱いが主である直交配列などもあります．

本書では，多数の因子から効果が大きな少数の因子を絞り込むスクリーニング実験を対象として，そのための計画とデータ解析を論じています．まず，直交性を確保した一部実施要因計画を，直交表や定義関係をもとに構成する方法で説明しています．さらに，直交性という制約を外し，実験回数を超えるような数の因子を調べられるようにする過飽和実験計画を取り上げています．これは私が，実験計画法の中で，主にスクリーニング実験，応答曲面法，コンピュータシミュレーションのための実験の計画とデータ解析について主に研究しているという理由によるものです．

スクリーニング実験のための計画について，基礎を固める理論があり，またそれに基づくアウトプットは実験計画です．実験計画は，直交表のように $1, 2, \ldots$ という数字がバランスよく並んだ表の形であらわされます．Dennis K. J. Lin 先生（当時ペンシルバニア州立大学，現パデュー大学）との過飽和実験計画に関する共同研究の際，ご自宅にお邪魔して $1, 2, \ldots$

という数字が並んだ表を紙で大量に出力して議論していました．当時 5, 6 歳だった先生のご子息は，$1, 2, \ldots$ という見慣れた数字が並んだ大量な表と我々を交互に眺め，大人が 2 人で部屋にこもって何をしているんだろうと怪訝な顔をしていました．これは，過飽和実験計画の発展の初期段階であり，グループスクリーニングのために直交基底を含めてみたり，評価基準としてピアソンの $\chi^2$ 統計量をまずは使ってみたりというような段階のものでした．いただいた多数のご助言により，私にとって初の海外誌掲載を含むいくつかの成果となりました．

過飽和実験計画の構成は，$1, 2, \ldots$ をバランスよく並べるというものであり，本書をご覧いただくとわかるとおり，問題設定はとても理解しやすいものです．実験計画の構成問題を，これまでとは異なる視点で調べてみたいと思い，組合せ最適化にも造詣が深い松井知己先生（当時東京大学，現東京工業大学）に相談したところ，目から鱗が落ちるさまざまなご助言を下さいました．さして深い考えもなく $\chi^2$ 統計量を用いたのですが，松井先生との研究成果として $\chi^2$ 統計量を用いる理論的背景が整理でき，その正当性が数理的に説明できるようになりました．

2016 年 4 月の慶應義塾大学理工学部への転籍後も，スクリーニング実験，コンピュータシミュレーションによる実験の計画とデータ解析について，理論面や応用面の研究を進めています．本書で取り上げたスクリーニング計画の構成やデータ解析だけでなく，コンピュータシミュレーションによる実験の計画やデータ解析も，問題そのものはわかりやすいものです．これらは，本書で取り上げている計画の構成とデータ解析の延長にあります．例えば，コンピュータ実験によく用いられるラテン超方格計画は，実験回数 $=$ 水準数であり，この水準 $1, 2, \ldots$ をそれぞれの因子に射影した時に等間隔に出現するという制約のもとに，空間上にバランスよく配置するものです．このように，計画の構成問題やデータ解析の基本方針は同じであるものの，実験回数の増加，因子数の増加により，これまでとは異なる接近法が必要になっています．本書が，実験計画の構成とデータ解析の面白さや，新たな興味のきっかけになれば幸いです．

Lin 先生，松井先生に加え，実験計画法を通してさまざまな方にご教示，ご支援いただいていることを本書の執筆を通して再確認しました．まずは浅学な私に，執筆の機会をくださった統計学 One Point の編集委員会の方々にお礼申し上げます．また，早稲田大学の永田靖先生には本書の草稿だけでなくさまざまな機会で幅広い視点でのご助言を，飯田孝久先生には学生時代から数理的側面についてのご助言をいただいています．さらに，慶應義塾大学の松浦峻先生，上田新大氏には，草稿に対する貴重なご助言をいただきました．加えて，共立出版の菅沼正裕氏，河原優美氏には，私の象形文字の解読をはじめ，開始から仕上げ段階まで助けていただきました．これらの方々に加え，書ききれない多くの方々によるご教示，ご支援により，本書をまとめることができました．お世話になった方々に，改めてお礼申し上げます．

最後に，私が明るく行動できる源である妻 麻季に感謝とともに本書を捧げます．

2023 年 8 月 1 日

山田　秀

# 目　　次

# 第1章

# 実験計画法とは

## 1.1　実験計画法の原点と基本

### 1.1.1　技術開発における実験計画法の役割

原因と結果に関する因果関係を定量的に調べるには，その分野に固有な技術に基づく演繹的な方法と，いくつかの条件下で事実をデータとして収集しそれに基づき推論するという帰納的な方法がある．本書の主題である**実験計画法** (design of experiments, experimental design) は，この帰納的な推論を助ける強力な方法である．原因と結果の因果構造を調べるために，管理された条件下での実験を計画し，収集したデータを解析する一連の方法が実験計画法である．

一般に，収集しているデータは，対象とする系に介入せず観察により得る観察データと，対象とする系に介入し意図的に条件を管理して得る実験データに大別できる．観察データは，ある変数の値をそれ以外の変数から予測するという目的には適するが，変数に影響を与える要因の分析や，変数間の因果構造の定量化には適さない．これは，限られた変数のみを測定し，それ以外の変数については無管理な状態でデータを得ており，変数間の因果構造が直接データに反映されないからである．一方，実験データは，実験に取り上げる変数は意図的に条件を変え，それ以外の要因は一定に保つなど，実験の場を適切に管理してデータを収集しているので，変数間の因果構造が直接データに反映される．したがって，そのデータを丹念に解析することにより，予測のみならず，要因分析，因果構造の定量化に役立つ．実験の場を適切に管理することにより，実験で取り上げている変数の因果構造が直接的にデータに反映されるからである．本書の対象は後者であり，因果構造の近似的な定量化のためのデータ収集とその解析方法である．

### 1.1.2 重要な用語

実験データの収集と解析の対象となる系において，結果をあらわす変数を**応答** (response) あるいは**特性**と呼び，$y$ と表現する．例えば，ある化学物質を合成する工程において，生産性を向上させるための実験であれば，1時間当たりの生産量 (kg/h) が応答の例となる．応答に影響を及ぼすと思われるものの中で，実験で取り上げて条件を意図的に変更するものを**因子** (factor) と呼ぶ．本書の導入部である本章では，モデルなどをわかりやすく記述するために，因子を $A, B, \ldots$ という記号で表現する．また次章以降では，数理的な見通しをよくするために因子をあらわす記号として $x_1, x_2, \ldots$ を用いる．

因子について，実験で取り上げる具体的な条件を**水準** (level) と呼ぶ．先の化学工程の例では，生成する化学物質の原料濃度や，反応を促進させる触媒の添加量などが因子の例となる．また，原料の濃度 10%, 12%，触媒の添加量 5 kg, 7 kg が水準の例となる．

さらに，因子の水準を変化させたことによる応答 $y$ の違いを，因子の応答に与える**効果** (effect) と呼ぶ．効果の用法は，日常的なものと等しい．例えば，風邪薬の効果とは薬の服用前後で症状が緩和されることであり，服用前後という水準間での応答の差を効果としている．重要な用語である応答，因子，水準，効果の概要について，図 1.1 に示す．

### 1.1.3 実験計画法の 3 つの原則

実験計画法は，フィッシャー (Fisher, R. A.) により体系化されている．その中で，応答と因子の因果関係の定量化に向けた実験に関する 3 つの原則は特に重要である．

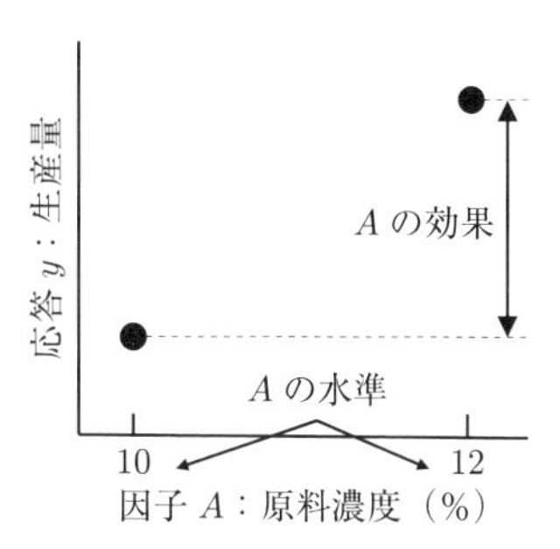


**図 1.1**　重要な用語：応答・因子・水準・効果の例

**(1) 無作為化**（ランダム化，randomization）

一般に，応答に影響を与える要因は無数に存在する．それらの要因の中から実験に因子として取り上げる変数は有限個であり，応答の測定結果には残りの要因の影響も含まれる．これらの影響を取り除くには，実験に取り上げていないすべての要因について条件を一定にするのが理論上はよいが，現実的には不可能な場合がほとんどである．

実験順序を無作為に決定すると，実験に取り上げていない要因の影響は，いわばバラバラになって含まれてきて，確率的な変動として捉えることができる．この確率的な変動について，統計的推測により対処することで，実験に取り上げている因子が応答に与える影響を定量的に調べることができる．

**(2) 局所管理** (local control)

因子として取り上げない要因は，条件を均一にするのが基本であるが，農事試験における複数の圃場（ほじょう）の肥沃度のように，応答に影響するものの均一にすることが困難な要因も多数ある．そのようなときに，圃場の内部ではできるだけ均一になるようにしたうえで，複数の圃場で実験し，圃場の肥沃度の影響を取り除いて解析を行う．このように，結果に影響するものの，その影響には大きな興味がなく，実験を小分けにして均一化することを**ブロック化** (blocking) と呼び，そのための因子をブロック因子と呼ぶ．ブロック因子により実験全体を小分けにして，その内部ではできる限り均一にする．データ解析ではブロック因子の影響を取り除くことで，興味のある因子の条件の違いが出やすくする．

**(3) 反復・繰返し** (replication/repetition)

実験で取り上げる因子の水準組合せで決まる**処理** (treatment) について，複数回実験を実施することを**反復** (replication) あるいは**繰返し** (repetition) と呼ぶ．反復の場合には，処理のひと揃いで無作為に順序を決めて実験をし，次のひと揃いを無作為に決めた順序で実験するというように，処理のまとまりごとに無作為化をする．これに対して繰返しの場合には，すべての処理を無作為な順序で実施する．実験の反復・繰返しのねらいは，誤差の評価である．実験による誤差の正当な評価は，因子の効果に関する統計的推測を可能にする．

### 1.1.4　要因計画とは

複数の因子を取り上げ，その水準組合せをすべて実施する計画を**要因計画** (factorial design) と呼ぶ．例えば2水準因子 $A, B$ について，それぞれの水準を $1, 2$ とすると，すべての水準組合せとは

| $A$ | $B$ |
|---|---|
| 1 | 1 |
| 1 | 2 |
| 2 | 1 |
| 2 | 2 |

の $2^2 = 4$ とおりである．

因子 $A$ が $a = 3$ 水準 $A_1, A_2, A_3$，因子 $B$ が $b = 4$ 水準 $B_1, B_2, B_3, B_4$ の場合には，因子 $A$，$B$ の水準組合せは $(A_1, B_1)$，$(A_1, B_2)$，$(A_1, B_3)$，$(A_1, B_4)$，$(A_2, B_1)$，$\ldots$，$(A_3, B_4)$ であり，その数は $a \times b = 3 \times 4 = 12$ である．また，これらの $A_1$，$B_2$ のように，水準を因子の記号に添え字を加えてあらわす．

要因計画では，すべての水準組合せを用いて，$n$ 回の反復，または，繰返しを導入する実験を行う．なお，2 水準因子 $A, B$ で $n$ 回の反復を行うとは，$(A_1, B_1), \ldots, (A_2, B_2)$ という 4 つの水準組合せのひと揃いを無作為な順序で実験を終えたのち，次に $(A_1, B_1), \ldots, (A_2, B_2)$ のひと揃いを無作為な順序で実験を行う．このように，処理のひと揃いごとに無作為な順序で実験を行うことを反復と呼ぶ．これに対して $n$ 回の繰返しとは，$(A_1, B_1), \ldots, (A_2, B_2)$ がそれぞれ $n$ 回あり，全部で $2 \times 2 \times n$ 回の実験のすべてを無作為な順序で行うことを意味する．このように，反復は処理をあらわす水準組合せのひと揃いごとに実験を無作為化するのに対し，繰返しでは全部の実験回数に対して無作為化する．

因子 $A$ が 3 水準，因子 $B$ が 4 水準で，反復が 2 回の場合には，$a \times b = 12$ の水準組合せのひと揃いを無作為な順序で実験したのちに，改めて 12 の水準組合せのひと揃いを無作為な順序で実験する．また，繰返しがある要因計画では，$3 \times 4 \times 2 = 24$ の水準組合せを無作為な順序で実験する．また，$n = 1$ の場合には，繰返しがない要因計画と呼ぶ場合もある．

繰返し数 $n = 2$ の 2 因子要因計画で収集された実験データの例を，表 1.1 に示す．これは，プレス加工に要する時間を応答 $y$ とし，値は小さいほど好ましい．また $a = 3$ 水準の因子 $A$ がプレス機械の種類，$b = 4$ 水準の因子 $B$ がプレス温度である．さらに，24 回の実験について無作為に決めた実験順序も表中に示している．

### 1.1.5　データ解析に用いるモデル

データ解析では，応答変数 $y$ の母平均が因子 $A, B$ により $\mu(A, B)$ として決まり，$y$ は誤差 $\varepsilon$ を伴なって測定され，この誤差にいくつかの仮定をおく下記のモデルが基本となる．

$$y = \mu(A, B) + \varepsilon \tag{1.1}$$

このモデルにおいて，誤差 $\varepsilon$ に対し，

$$\varepsilon \sim N\left(0, \sigma^2\right)$$

**表 1.1** 2因子要因計画（繰返し数 $n=2$）の例：プレス工程データ

| No. | $A$ | $B$ | 順序 | $y$ | No. | $A$ | $B$ | 順序 | $y$ | No. | $A$ | $B$ | 順序 | $y$ |
|---|---|---|---|---|---|---|---|---|---|---|---|---|---|---|
| 1 | 1 | 1 | 6 | 7.0 | 9 | 2 | 1 | 4 | 6.7 | 17 | 3 | 1 | 10 | 13.8 |
| 2 | 1 | 1 | 8 | 11.3 | 10 | 2 | 1 | 16 | 12.0 | 18 | 3 | 1 | 13 | 11.4 |
| 3 | 1 | 2 | 5 | 7.0 | 11 | 2 | 2 | 17 | 4.4 | 19 | 3 | 2 | 2 | 7.6 |
| 4 | 1 | 2 | 21 | 4.4 | 12 | 2 | 2 | 24 | 6.1 | 20 | 3 | 2 | 12 | 10.9 |
| 5 | 1 | 3 | 1 | 7.0 | 13 | 2 | 3 | 3 | 6.2 | 21 | 3 | 3 | 14 | 7.1 |
| 6 | 1 | 3 | 15 | 4.5 | 14 | 2 | 3 | 23 | 7.5 | 22 | 3 | 3 | 19 | 3.8 |
| 7 | 1 | 4 | 7 | 4.3 | 15 | 2 | 4 | 11 | 4.7 | 23 | 3 | 4 | 9 | 8.4 |
| 8 | 1 | 4 | 22 | 7.8 | 16 | 2 | 4 | 20 | 5.6 | 24 | 3 | 4 | 18 | 7.4 |

とすると，効果の推定，検定などの一連の統計的推測が可能となる．

因子 $A$ が第 $i$ 水準 $(i=1,\ldots,a)$，因子 $B$ が第 $j$ 水準 $(j=1,\ldots,b)$ という水準組合せ $(A_i,B_j)$ の下での母平均 $\mu(A_i,B_j)$ をもとに，一般平均 $\mu$ を

$$\mu=\sum_{i=1}^{a}\sum_{j=1}^{b}\frac{\mu(A_i,B_j)}{ab} \tag{1.2}$$

と定義する．これは，取り上げた実験水準における全体的な $y$ の平均を意味する．また，$A_i$ での主効果を $\alpha_i$，$B_j$ での主効果を $\beta_j$，水準組合せ $(A_i,B_j)$ で生じる交互作用効果を $(\alpha\beta)_{ij}$ とするとき，

$$\mu(A_i,B_j)=\mu+\alpha_i+\beta_j+(\alpha\beta)_{ij}$$

とする．

このように，因子 $A$，$B$ などの単独の効果を**主効果** (main effect) と呼ぶ．また交互作用とは，複数の因子の組合せによって生じる効果である．これを，単に**交互作用** (interaction)，正確には**交互作用効果**と呼ぶ．さらに，2つの因子の場合には2因子交互作用，3つの因子の場合には3因子交互作用と呼び，高次の交互作用も同様に定義できる．

これらの効果は相対的なものであり，

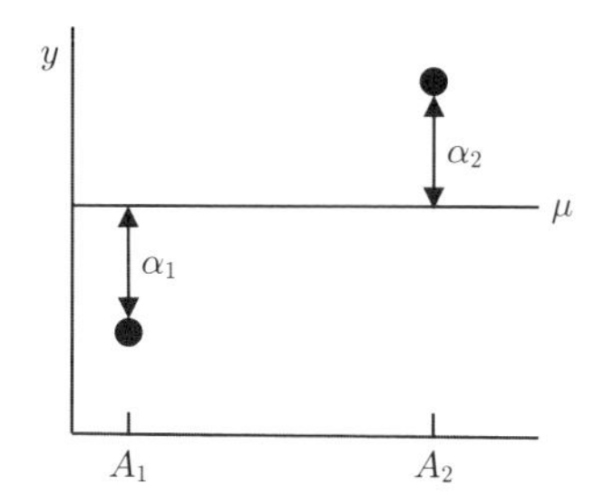


**図 1.2**　因子の効果の相対的な表現

$$\sum_{i=1}^{a} \alpha_i = \sum_{j=1}^{b} \beta_j = \sum_{i=1}^{a} (\alpha\beta)_{ij} = \sum_{j=1}^{b} (\alpha\beta)_{ij} = 0$$

という制約をおく．これは，式 (1.2) のように全体の平均を $\mu$ とし，これからの差を効果としている．図 1.2 の例に示すとおり，2 水準因子 $A$ の場合には，$\mu$ を基準として $A_1, A_2$ 水準のときの効果 $\alpha_1, \alpha_2$ を相対的に定義しているので，和が 0 という制約をおく．

さらに，$n$ 回の反復・繰返しがある場合には，この添え字 $k$ は誤差 $\varepsilon$ に基本的に付随する．これらから，下記のモデルをもとに因子の主効果，交互作用に関する統計的推測を行う．

$$y_{ijk} = \mu + \alpha_i + \beta_j + (\alpha\beta)_{ij} + \varepsilon_{ijk}$$

## 1.2　直交表による要因計画の一部実施

### 1.2.1　一部実施要因計画の考え方と直交性

要因計画では，多数の因子の場合に実験回数が膨大なものとなる．例えば，2 水準の因子が 7 個あると，多因子の要因計画によるとその総実験回数は $2^7 = 128$ となる．このような場合には，要因計画の一部分のみを実施する**一部実施要因計画** (fractional factorial design) が有効である．本項では，実験回数が 2 のべき乗数の場合について，2 水準の一部実施要因

**表 1.2** 3因子完全無作為化要因計画の例

| 水準 No. | $A$ | $B$ | $C$ | 順序 | 応答値 $y$（秒） |
|---|---|---|---|---|---|
| 1 | 1 | 1 | 1 | 6 | 55.8 |
| 2 | 1 | 1 | 2 | 2 | 50.3 |
| 3 | 1 | 2 | 1 | 8 | 58.8 |
| 4 | 1 | 2 | 2 | 3 | 59.4 |
| 5 | 2 | 1 | 1 | 5 | 59.8 |
| 6 | 2 | 1 | 2 | 4 | 52.5 |
| 7 | 2 | 2 | 1 | 7 | 68.6 |
| 8 | 2 | 2 | 2 | 1 | 69.8 |

計画を，**直交表**や後述する**定義関係**で構成する方法を取り上げる．

例として，切削時間を応答 $y$ として取り上げる切削工程を考える．作業機械には $A_1$, $A_2$ 社製の2つが，作業治具（じぐ）には $B_1$, $B_2$ の2水準が，さらに，切削工具には $C_1$, $C_2$ の2水準がある．これらの因子について，切削時間ができるだけ短くなる作業機械，治具，工具の組合せを求めたい．そこで，3因子の要因計画により無作為な順序で実験を行い切削時間を測定した結果を表1.2に示す．この表1.2において，No. 3の水準組合せは $A_1, B_2, C_1$，実験順序は8番目であり，応答値は58.8秒であることを示している．応答 $y$ の測定値は，作業完了までの秒数であり小さいほど生産性が高く好ましい．

応答 $y$ と2水準因子 $A, B, C$ について，一般平均を $\mu$，それぞれの効果を $\alpha_i, \beta_j, \gamma_k$ とし，

$$y = \mu + \alpha_i + \beta_j + \gamma_k + \varepsilon_{ijk}$$

により推定する．因子 $A$ の効果 $\alpha$ は，$A_1$ の下での母平均 $\mu(A_1)$ と $A_2$ の下での母平均 $\mu(A_2)$ をもとに，

$$\mu = \frac{\mu(A_1) + \mu(A_2)}{2}$$

とすると

$$\alpha_i = \mu(A_i) - \mu = \frac{1}{2}(\mu(A_1) - \mu(A_2))$$

となる．この推定には，$A_1$ のときの応答の平均値 $\widehat{\mu}(A_1) = \overline{y}_{A_1} = 56.075$ と $A_2$ のときの応答の平均値 $\widehat{\mu}(A_2) = \overline{y}_{A_2} = 62.675$ を用いる．その際，因子が 2 水準であることから，

$$\widehat{\alpha}_1 = \frac{1}{2}\left(\overline{y}_{A_1} - \overline{y}_{A_2}\right), \quad \widehat{\alpha}_2 = -\widehat{\alpha}_1$$

より，$\widehat{\alpha}_1 = (56.075 - 62.675)/2 = -3.300$ 秒となる．

このように水準ごとの平均値の差で効果を推定するのは，因子 $B$, $C$ の影響が平等に含まれているからである．水準 $A_1$ のときの 4 つの応答値 55.8, 50.3, 58.8, 59.4 には $B_1$ で 2 つ，$B_2$ で 2 つの値が含まれている．同様に，$A_2$ のときの 4 つの応答値 59.8, 52.5, 68.6, 69.8 についても，$B_1$ で 2 つ，$B_2$ で 2 つの値が含まれている．このように，$A_1$ のときと $A_2$ のときを比較すると，$B_1$, $B_2$ という条件が同数回含まれているので，$B$ の影響は平等に含まれていることになる．これと同様に，$C_1$, $C_2$ という条件も同数回含まれているので，$C$ の影響も平等に含まれていることになる．したがって，$\overline{y}_{A_1}$ と $\overline{y}_{A_2}$ の差を求めることで因子 $B, C$ の影響を取り除ける．

この例において，因子 $A$ の効果を推定する際，因子 $B$ の影響を取り除けるのは，$A_1$ の下での $B_1$, $B_2$ の回数と，$A_2$ の下での $B_1$, $B_2$ の回数が等しいからである．これを拡張し，列の直交性を定義すると，「因子の水準をあらわす 2 列が直交するとは，すべての水準組合せが同数回出現すること」となる．

因子 $A$ をあらわす列と因子 $B$ をあらわす列において，すべての水準組合せとは $(A_1, B_1)$, $(A_1, B_2)$, $(A_2, B_1)$, $(A_2, B_2)$ であり，それぞれが 2 回ずつ出現している．以上のとおり，因子を割り付けた 2 列間が直交していれば，一方の因子の主効果を推定するために，他方の因子の主効果の影響を取り除ける．

この直交性の利点を用い，少数回の実験で効果を推定するために，表 1.3 の計画を考える．先ほどと同様に $A$ の効果を，$A_1$ の下での平均値

**表 1.3** 3因子要因計画（2水準）の一部実施の例

| 水準 No | $A$ | $B$ | $C$ | 実験順序 | 応答値 $y$ |
|---|---|---|---|---|---|
| 1 | 1 | 1 | 1 | 3 | 55.8 |
| 4 | 1 | 2 | 2 | 1 | 59.4 |
| 6 | 2 | 1 | 2 | 2 | 52.5 |
| 7 | 2 | 2 | 1 | 4 | 68.6 |

$\overline{y}_{A_1} = (55.8 + 59.4)/2$ と $A_2$ の下での平均値 $\overline{y}_{A_2} = (52.5 + 68.6)/2$ の差により推定する．この場合にも，$\overline{y}_{A_1}$, $\overline{y}_{A_2}$ の両方に，$B_1$, $B_2$ がそれぞれ1つずつ入っていて，$\overline{y}_{A_1} - \overline{y}_{A_2}$ から $B$ の主効果の影響が取り除ける．また同様の理由で，因子 $C$ の主効果の影響も取り除ける．このように表1.3では，すべての組合せ $2^3 = 8$ の半分の実験回数である $2^{3-1} = 4$ 回で，$B, C$ の主効果の影響を取り除きながら $A$ の主効果を推定できる．

これまでの取り扱いと同様に，直交性を確保しながら一部実施要因計画を構成すると，他の因子の効果の影響を受けずに推定ができる．因子間が直交する計画を構成するテンプレートが**直交表**である．直交表とは，互いに直交する列からなり，これらの表から任意の2列を選ぶと必ず直交する．表 1.4，表 1.5 に直交表の例として，$L_8\left(2^7\right), L_{16}\left(2^{15}\right)$ 直交表を示す．この $L$ はラテン方格 (Latin square) から，$8, 16$ は実験回数となる行数，$2^8, 2^{15}$ は2水準列がそれぞれ $7, 15$ 列あることを示す．

この列間の直交性がもたらす性質を利用して，一部実施要因計画を構成する．例えば表 1.4 は8行からなり，それぞれの行が1回の実験に対応する．その場合の実験の条件は，因子を対応付けた列が示す水準を用いる．因子をどの列に対応付けるかを，因子の直交表への**割付け** (assignment) と呼ぶ．例えば表 1.4 において，$A$, $B$, $C$, $D$ を，それぞれ，第 [1], [2], [4], [7] 列に割り付けた場合には，第3行は，$A_1$, $B_2$, $C_1$, $D_2$ という水準組合せでの実験を意味する．このようにして水準組合せを決め，実験を行う．直交表を用い，このように因子を割り付けると主効果どうしは必ず直交する．

次に交互作用を考える．因子 $A, B$ の交互作用 $A \times B$ は，一方の因子の

**表 1.4**　$L_8(2^7)$ 直交表

| No | [1] | [2] | [3] | [4] | [5] | [6] | [7] |
|---|---|---|---|---|---|---|---|
| 1 | 1 | 1 | 1 | 1 | 1 | 1 | 1 |
| 2 | 1 | 1 | 1 | 2 | 2 | 2 | 2 |
| 3 | 1 | 2 | 2 | 1 | 1 | 2 | 2 |
| 4 | 1 | 2 | 2 | 2 | 2 | 1 | 1 |
| 5 | 2 | 1 | 2 | 1 | 2 | 1 | 2 |
| 6 | 2 | 1 | 2 | 2 | 1 | 2 | 1 |
| 7 | 2 | 2 | 1 | 1 | 2 | 2 | 1 |
| 8 | 2 | 2 | 1 | 2 | 1 | 1 | 2 |
| 成分 | a | | a | | a | | a |
| | | b | b | | | b | b |
| | | | | c | c | c | c |

**表 1.5**　$L_{16}(2^{15})$ 直交表

| No. | [1] | [2] | [3] | [4] | [5] | [6] | [7] | [8] | [9] | [10] | [11] | [12] | [13] | [14] | [15] |
|---|---|---|---|---|---|---|---|---|---|---|---|---|---|---|---|
| 1 | 1 | 1 | 1 | 1 | 1 | 1 | 1 | 1 | 1 | 1 | 1 | 1 | 1 | 1 | 1 |
| 2 | 1 | 1 | 1 | 1 | 1 | 1 | 1 | 2 | 2 | 2 | 2 | 2 | 2 | 2 | 2 |
| 3 | 1 | 1 | 1 | 2 | 2 | 2 | 2 | 1 | 1 | 1 | 1 | 2 | 2 | 2 | 2 |
| 4 | 1 | 1 | 1 | 2 | 2 | 2 | 2 | 2 | 2 | 2 | 2 | 1 | 1 | 1 | 1 |
| 5 | 1 | 2 | 2 | 1 | 1 | 2 | 2 | 1 | 1 | 2 | 2 | 1 | 1 | 2 | 2 |
| 6 | 1 | 2 | 2 | 1 | 1 | 2 | 2 | 2 | 2 | 1 | 1 | 2 | 2 | 1 | 1 |
| 7 | 1 | 2 | 2 | 2 | 2 | 1 | 1 | 1 | 1 | 2 | 2 | 2 | 2 | 1 | 1 |
| 8 | 1 | 2 | 2 | 2 | 2 | 1 | 1 | 2 | 2 | 1 | 1 | 1 | 1 | 2 | 2 |
| 9 | 2 | 1 | 2 | 1 | 2 | 1 | 2 | 1 | 2 | 1 | 2 | 1 | 2 | 1 | 2 |
| 10 | 2 | 1 | 2 | 1 | 2 | 1 | 2 | 2 | 1 | 2 | 1 | 2 | 1 | 2 | 1 |
| 11 | 2 | 1 | 2 | 2 | 1 | 2 | 1 | 1 | 2 | 1 | 2 | 2 | 1 | 2 | 1 |
| 12 | 2 | 1 | 2 | 2 | 1 | 2 | 1 | 2 | 1 | 2 | 1 | 1 | 2 | 1 | 2 |
| 13 | 2 | 2 | 1 | 1 | 2 | 2 | 1 | 1 | 2 | 2 | 1 | 1 | 2 | 2 | 1 |
| 14 | 2 | 2 | 1 | 1 | 2 | 2 | 1 | 2 | 1 | 1 | 2 | 2 | 1 | 1 | 2 |
| 15 | 2 | 2 | 1 | 2 | 1 | 1 | 2 | 1 | 2 | 2 | 1 | 2 | 1 | 1 | 2 |
| 16 | 2 | 2 | 1 | 2 | 1 | 1 | 2 | 2 | 1 | 1 | 2 | 1 | 2 | 2 | 1 |
| 成分 | a | | a | | a | | a | | a | | a | | a | | a |
| | | b | b | | | b | b | | | b | b | | | b | b |
| | | | | c | c | c | c | | | | | c | c | c | c |
| | | | | | | | | d | d | d | d | d | d | d | d |

**表 1.6**　交互作用列の構成

| $A$ | $B$ | 交互作用 $A \times B$ |
|---|---|---|
| 1 | 1 | 1 |
| 1 | 2 | 2 |
| 2 | 1 | 2 |
| 2 | 2 | 1 |

効果の大きさが他方の因子の水準によって異なる作用である．水準 $B_1$ のときの $A$ の効果は，$(A_1, B_1)$ のデータの平均値と $(A_2, B_1)$ のデータの平均値の差 $\left(\overline{y}_{A_1B_1} - \overline{y}_{A_2B_1}\right)$ をもとに求められる．同様に，$B_2$ のときの $A$ の効果は，$(A_1, B_2)$ のデータの平均値と $(A_2, B_2)$ のデータの平均値の差 $\left(\overline{y}_{A_1B_2} - \overline{y}_{A_2B_2}\right)$ をもとに求められる．そしてこれらの差

$$\left(\overline{y}_{A_1B_1} - \overline{y}_{A_2B_1}\right) - \left(\overline{y}_{A_1B_2} - \overline{y}_{A_2B_2}\right)$$

は，交互作用の大きさを表現している．上記の演算において，

$$\begin{aligned}&\left(\overline{y}_{A_1B_1} - \overline{y}_{A_2B_1}\right) - \left(\overline{y}_{A_1B_2} - \overline{y}_{A_2B_2}\right)\\ &= \left(\overline{y}_{A_1B_1} + \overline{y}_{A_2B_2}\right) - \left(\overline{y}_{A_2B_1} + \overline{y}_{A_2B_1}\right)\end{aligned}$$

であり，$(A_1, B_1)$, $(A_2, B_2)$ のように $A$ と $B$ が同水準のデータを足したものから，$(A_1, B_2)$, $(A_2, B_1)$ のように異水準のデータを引いた形になっている．したがって，表 1.6 に示す列を構成し，その列に基づいて効果を求めれば，それが交互作用 $A \times B$ の効果となる．

因子 $A$, $B$ を，表 1.4 の $L_8(2^7)$ 直交表における第 [1] 列，第 [2] 列にそれぞれ割り付けた場合には，表 1.6 の関係より，$(1, 1, 2, 2, 2, 2, 1, 1)^\top$ という列を導き，これに基づいて交互作用を求める．この列は，$L_8(2^7)$ 直交表の第 [3] 列に等しい．したがって，第 [1] 列，第 [2] 列に因子 $A$, $B$ を割り付けた場合には，第 [3] 列に交互作用 $A \times B$ が現れる．また，因子 $A, C$ を第 [1] 列と第 [4] 列に割り付けた場合，同様に検討を行うと第 [5] 列に交互作用が現れる．このように，2 水準直交表で実験回数が 2 のべき乗の場合には，一般に，ある列とそれ以外の列の交互作用は残りの列のど

表 1.7 交互作用の出現例

| No | [1] | [2] | [3] | [4] | [5] | [6] | [7] |
|---|---|---|---|---|---|---|---|
| | $A$ | $B$ | $A\times B$ | $C$ | $A\times C$ | $B\times C$ | $A\times B\times C$ |
| 1 | 1 | 1 | 1 | 1 | 1 | 1 | 1 |
| 2 | 1 | 1 | 1 | 2 | 2 | 2 | 2 |
| 3 | 1 | 2 | 2 | 1 | 1 | 2 | 2 |
| 4 | 1 | 2 | 2 | 2 | 2 | 1 | 1 |
| 5 | 2 | 1 | 2 | 1 | 2 | 1 | 2 |
| 6 | 2 | 1 | 2 | 2 | 1 | 2 | 1 |
| 7 | 2 | 2 | 1 | 1 | 2 | 2 | 1 |
| 8 | 2 | 2 | 1 | 2 | 1 | 1 | 2 |
| 成分 | a | | a | | a | | a |
| | | b | b | | | b | b |
| | | | | c | c | c | c |

れかと一致する．この交互作用の列に，他の因子を割り付けると，その効果は交互作用によるものなのか，他の因子によるものなのかがわからなくなる．このように，ある因子の効果と他の効果が入り込んで分離できなくなることを**別名** (alias)，あるいは，**交絡** (confound) という．

以上は 2 因子交互作用の説明であるが，3 因子交互作用についても同様に取り扱うことができる．例えば 3 因子交互作用 $A\times B\times C$ の列は，2 因子交互作用 $A\times B$ の列を求め，その列と $C$ との交互作用の列により求められる．

因子 $A$, $B$, $C$ をそれぞれ第 [1], [2], [4] 列に割り付けた場合について，交互作用が現れる列をまとめたものを表 1.7 に示す．$A$ と $B$，$A$ と $C$，$B$ と $C$ の 2 因子交互作用 $A\times B$, $A\times C$, $B\times C$，ならびに，3 因子交互作用 $A\times B\times C$ は，表 1.7 のとおり求められる．

### 1.2.2 交互作用の求め方

#### 成分記号

交互作用が主効果，他の交互作用と交絡しない割付けを求めるために，成分記号や線点図が用意されている．表1.4，表1.5に示すとおり，直交表の下部には成分をあらわす記号があり，これから交互作用が出現する列を求めることができる．2列間の交互作用が出現する列は，それらの成分記号の積を持つ列として求められる．ただし，成分記号の2乗は1とする．

例えば，表1.4に示す $L_8\left(2^7\right)$ 直交表において，第[1]列，第[2]列の成分記号はそれぞれa, bである．これらの記号の積は $\mathrm{a} \times \mathrm{b} = \mathrm{ab}$ であり，これを成分記号に持つ列は第[3]列であるので，第[1]列と第[2]列の交互作用は第[3]列に出現する．また，第[5]列と第[6]列の成分記号はそれぞれac, bcであり，これらの積は $\mathrm{abc}^2$ である．成分記号の2乗は1なので，この積は $\mathrm{abc}^2 = \mathrm{ab}$ となり，この成分記号を持つ第[3]列に，第[5]列と第[6]列の交互作用が出現する．

**線点図**

線点図とは，因子を割り付ける列を点，交互作用を2つの点を結ぶ線で表現した図である．この線点図は，田口玄一博士が直交表を使いやすくする目的で開発している．この例として，2水準直交表 $L_8\left(2^7\right)$ の線点図を図1.3に，また，2水準直交表 $L_{16}\left(2^{15}\right)$ の線点図の例を図1.4に示す．この図1.3において，第[1]列をあらわす点と第[2]列をあらわす点の間には線があり，その線上に3が記載されている．これは，第[1]列と第[2]列の交互作用が第[3]列に出現することを意味する．この線点図を用いることで，交互作用の出現する列を把握することができる．なお線点図は，すべての割付けを網羅しているわけではないが，いくつかの有益な特定の使い方を示しているものである．

### 1.2.3　直交表による一部実施要因計画の構成

求めたい交互作用と，他の主効果や交互作用とが交絡しないように因子を列に割り付けるために，成分記号を用いる例を説明する．因子 $A$, $B$, $C$, $D$ を取り上げ，これらの主効果と交互作用 $A \times B$, $A \times C$ が求められる割付けを考える．因子 $A$ を表1.4の第[1]列，因子 $B$ を第[2]列に割

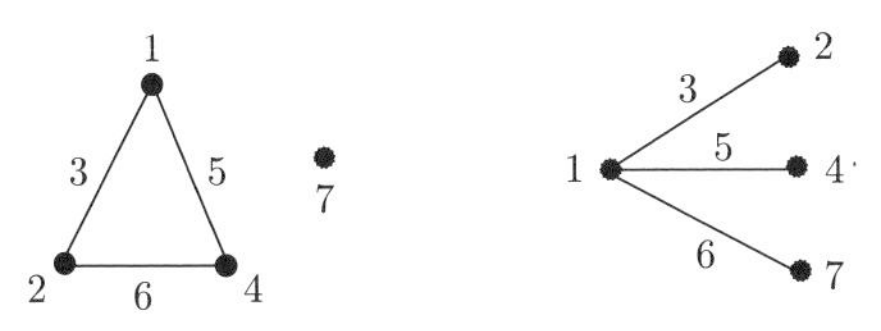


**図 1.3**　2 水準直交表 $L_8\,(2^7)$ の線点図の例

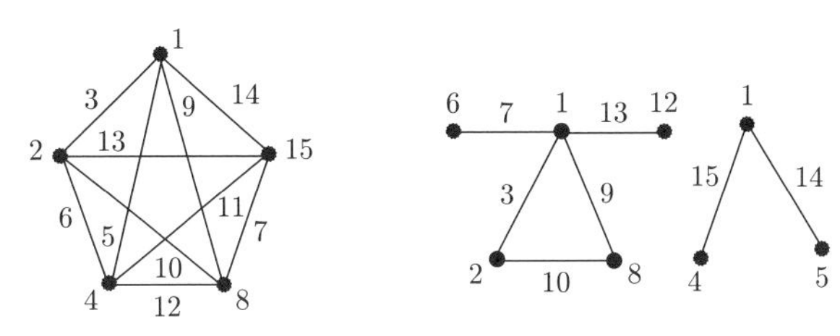


**図 1.4**　2 水準直交表 $L_{16}\,(2^{15})$ の線点図の例

り付けるとする．これらの成分記号は a, b なので，交互作用 $A \times B$ が現れる列は成分記号が ab の列である．成分記号 ab は第 [3] 列なので，交互作用 $A \times B$ は第 [3] 列に出現する．したがって，この列には他の因子を割り付けない．次に第 [4] 列に因子 $C$ を割り付けると，第 [5] 列に交互作用 $A \times C$ が出現するので，この列にも因子を割り付けない．残りの第 [6], [7] 列のいずれかに因子 $D$ を割り付ければよいので，ここでは第 [6] 列に割り付けるものとする．

考慮する因子と交互作用が少数の場合には，このように成分記号を用いると簡単に見通しよく割付けが構成できる．一方，多数の因子があり，求めたい交互作用が絡み合っている場合には，下記の手順により線点図を用いて割付けを決めるとよい．

1. 求めるべき主効果と交互作用を設定する．
2. 上記の主効果と交互作用に基づき，実験に要求される線点図を作成する．

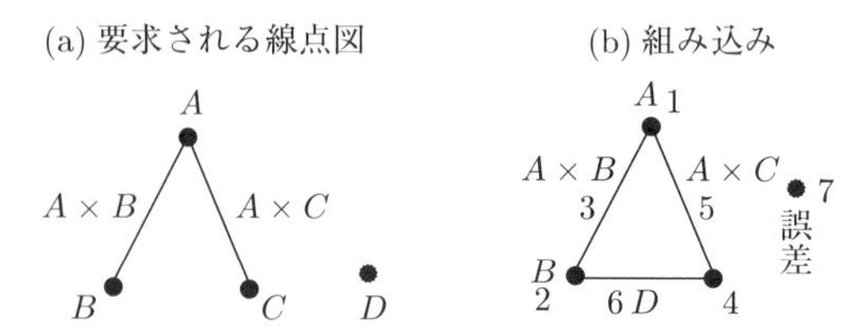


**図 1.5** 要求される線点図と用意されている線点図への組み込みの例

3. 上記の主効果と交互作用の数の合計よりも列数が大きい直交表を選び，要求される線点図が組み込めそうな線点図を用意されている線点図から選ぶ．これらの線点図は，多くの書籍にまとめられている（例えば，山田 (2004)）．
4. 実験に要求される線点図を，それに近いと思われる線点図に組み込み，因子を割り付ける列を決定する．

成分記号で割付けを求めた例と同様に，因子 $A$, $B$, $C$, $D$ を取り上げ，これらの主効果と交互作用 $A \times B$, $A \times C$ が求められる割付けを考える．この場合に要求される線点図は，図 1.5(a) である．これに近い線点図としては，図 1.5(b) がある．これらを見ると，点をあらわす第 [1] 列に因子 $A$ を，第 [2] 列に因子 $B$ を割り付ける．とすると，これらの交互作用 $A \times B$ は線上の第 [3] 列に出現する．同様に，第 [4] 列に因子 $C$ を割り付けると，第 [5] 列に交互作用 $A \times C$ が出現する．残りの第 [6], [7] 列のいずれかに因子 $D$ を割り付ければよいので，ここでは第 [6] 列に割り付けるものとする．

### 1.2.4 2水準直交表による計画：生産量向上実験の計画例

ある化学製品の生産試作段階において，生産量 (kg/h) 向上のためにパイロットプラントを用いて下記の因子，水準を取り上げて実験を行う．取り上げる因子名等をまとめたものを，表 1.8 に示す．

技術的視点から考慮すべき2因子交互作用として，$A \times B$, $A \times C$, $A \times D$,

**表 1.8**　生産量向上のための実験の因子と水準

| 因子名 | 第 1 水準 | 第 2 水準 |
|---|---|---|
| $A$: 触媒種類 | $A_1$ 社製 | $A_2$ 社製 |
| $B$: 副原料 B 濃度 | $B_1$(0.5%) | $B_2$ (0.6%) |
| $C$: 副原料 C 濃度 | $C_1$(0.3%) | $C_2$ (0.4%) |
| $D$: 反応温度 | $D_1$(1250 ℃) | $D_2$ (1300 ℃) |
| $F$: 加熱炉形状 | $F_1$(円状) | $F_2$(長方形) |
| $G$: 反応炉上部形状 | $G_1$(円) | $G_2$(楕円) |

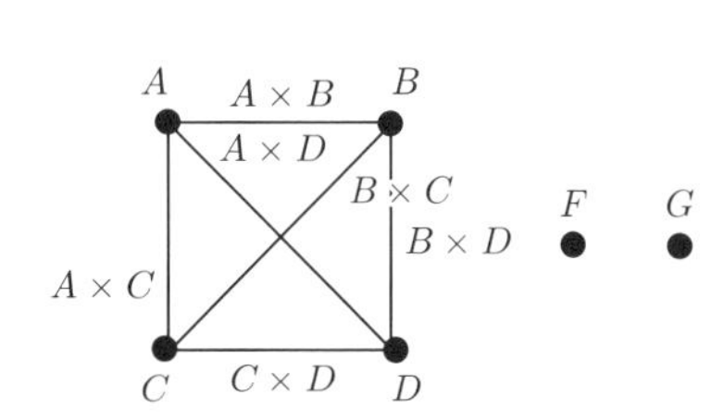


**図 1.6**　生産量向上のための実験に要求される線点図

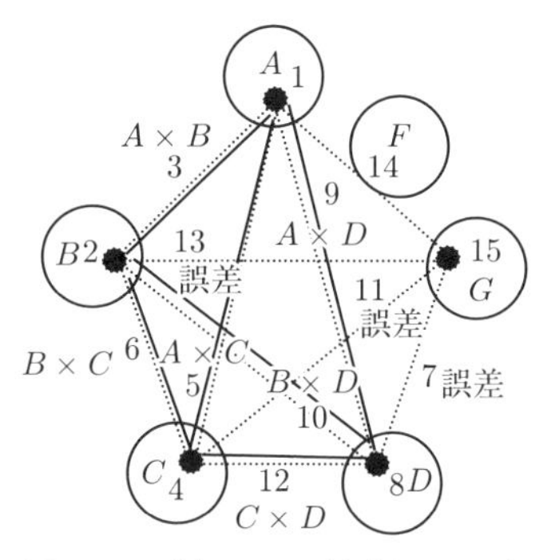


**図 1.7**　要求される線点図の用意されている線点図への組み込み

$B \times C$, $B \times D$, $C \times D$ があり，因子 $A$, $B$, $C$, $D$, $F$, $G$ の主効果と，これらの交互作用が求められる割付けを考える．この要求される線点図を，図 1.6 に示す．また，用意されている線点図に組み込んだ様子を図 1.7 に示す．この図から，推定したい効果と交互作用が求められる割付けとして表 1.9 が得られる．なおこれ以外にも，これらの主効果と交互作用が推定可能な割付けは存在する．

**表 1.9**　生産量向上実験の因子の割付け

| 因子名 | 列番号 | 成分記号 |
|---|---|---|
| $A$: 触媒種類 | [1] | a |
| $B$: 副原料 B 濃度 | [2] | b |
| $C$: 副原料 C 濃度 | [4] | c |
| $D$: 反応温度 | [8] | d |
| $F$: 加熱炉形状 | [14] | bcd |
| $G$: 反応炉上部形状 | [15] | abcd |
| $A \times B$ | [3] | ab |
| $A \times C$ | [5] | ac |
| $A \times D$ | [9] | ad |
| $B \times C$ | [6] | bc |
| $B \times D$ | [10] | bd |
| $C \times D$ | [12] | cd |
| 誤差 | [7] | abc |
| | [11] | abd |
| | [13] | acd |

## 1.3　直交表データの解析

### 1.3.1　分散分析による要因効果の検定

直交表により計画された実験データは，手計算でも可能な簡便な方法で解析できる．これにより，1960 年代の計算環境が整っていない時代においてでも，実験計画法による品質改善などが実践され始め，現在につながっている．

要因効果の検定には，主効果，交互作用を割り付けた列ごとに平方和を求め，分散分析表を作成する．実験回数 $N$ の直交表による実験データの応答値を $y_i$ $(i = 1, \ldots, N)$ とする．添え字 $i$ は，実験番号をあらわす．総平方和 $S_T$ を

$$S_T = \sum_{i=1}^{N} (y_i - \overline{y})^2 \tag{1.3}$$

で定義する．ただし $\overline{y} = \sum_{i=1}^{N} y_i / N$ である．

因子 $A$ の主効果による平方和 $S_A$ について，$A_i$ 水準でのデータ数が $N/2$ なので，$\overline{y} = \left(\overline{y}_{A_1} + \overline{y}_{A_2}\right)/2$ より

$$S_A = \frac{N}{2}\sum_i \left(\overline{y}_{A_i} - \overline{y}\right)^2 = \frac{N}{4}\left(\overline{y}_{A_1} - \overline{y}_{A_2}\right)^2 \tag{1.4}$$

となる．同様に第 [$k$] 列に割り付けた主効果による平方和は，第 [$k$] 列が 1 のときの平均 $\overline{y}_{[k]1}$ と第 [$k$] 列が 2 のときの平均 $\overline{y}_{[k]2}$ を用いて，

$$S_{[k]} = \frac{N}{4}\left(\overline{y}_{[k]1} - \overline{y}_{[k]2}\right)^2 \tag{1.5}$$

となる．交互作用の列についても，その水準記号は表 1.6 に基づいて構成されているので，同じく式 (1.5) を用いればよい．

列間が直交しているので，平方和を $N-1$ 列すべてについて合計すると

$$S_T = S_{[1]} + S_{[2]} + \cdots + S_{[N-1]}$$

というように，総平方和 $S_T$ に等しい．それぞれの平方和 $S_{[k]}$ は，$\overline{y}_{[k]1}$，$\overline{y}_{[k]2}$ という 2 つの平均から求めているので，その自由度は 1 となる．主効果，交互作用を割り付けていない列については，それを誤差とみなす．誤差平方和 $S_E$ は，主効果，交互作用を割り付けていない列の平方和の合計で求める．またその自由度は，主効果，交互作用を割り付けていない列の数となる．

例えば，$L_8(2^7)$ 直交表で第 [1] 列に因子 $A$，第 [2] 列に因子 $B$，第 [4] 列に因子 $C$, 第 [6] 列に因子 $D$ を割り付け，交互作用 $A\times B$ を考慮した 2 水準一部実施要因計画の場合には，

$$\begin{aligned} S_A &= S_{[1]} \\ S_B &= S_{[2]} \\ S_C &= S_{[4]} \\ S_D &= S_{[6]} \\ S_{A\times B} &= S_{[3]} \end{aligned}$$

**表 1.10** $L_8(2^7)$ 直交表を用いた場合の分散分析表の基本構造

| 要因 | $S$ | $\phi$ | $V$ | $F$ |
|---|---|---|---|---|
| $A$ | $S_{[1]}$ | 1 | $V_A = S_A/\phi_A$ | $V_A/V_E$ |
| $B$ | $S_{[2]}$ | 1 | $V_B = S_B/\phi_B$ | $V_B/V_E$ |
| $C$ | $S_{[4]}$ | 1 | $V_C = S_C/\phi_C$ | $V_C/V_E$ |
| $D$ | $S_{[6]}$ | 1 | $V_D = S_D/\phi_D$ | $V_D/V_E$ |
| $A \times B$ | $S_{[3]}$ | 1 | $V_{A\times B} = S_{A\times B}/\phi_{A\times B}$ | $V_{A\times B}/V_E$ |
| $E$(誤差) | $S_{[5]} + S_{[7]}$ | 2 | $V_E = S_E/\phi_E$ | |
| 合計 | $S_T$ | $N-1$ | | |

$$\begin{aligned} S_E &= S_{[5]} + S_{[7]} = S_T - \left(S_{[1]} + S_{[2]} + S_{[3]} + S_{[4]} + S_{[6]}\right) \\ &= S_T - (S_A + S_B + S_C + S_D + S_{A\times B}) \end{aligned}$$

のように平方和を分解できる．また，主効果の平方和 $S_A, S_B, S_C, S_D$，交互作用の平方和 $S_{A\times B}$ の自由度は 1，$S_E$ の自由度は 2 となる．以上の分散分析表を，表 1.10 に示す．

### 1.3.2 要因効果の推定

水準 $A_i$ の効果 $\alpha_i$，その下での母平均 $\mu(A_i)$ は，それぞれ

$$\widehat{\alpha}_i = \overline{y}_{A_i} - \overline{y},\ \ \widehat{\mu}(A_i) = \overline{y}_{A_i}$$

で推定する．また，それぞれの 95% 信頼区間は下記となる．

$$\overline{y}_{A_i} - \overline{y} \pm t(\phi_E, 0.05)\sqrt{\frac{1}{N}V_E},\ \ \overline{y}_{A_i} \pm t(\phi_E, 0.05)\sqrt{\frac{2}{N}V_E}$$

なお，$V_E, \phi_E$ は誤差分散とその自由度である．ただし，$V_E = S_E/\phi_E$，$\phi_E$ は要因効果を割り付けていない列数となる．これらの信頼区間は，式 (1.1) のとおり誤差 $\varepsilon$ に正規分布 $N\left(0, \sigma^2\right)$ を仮定すると

$$\begin{aligned} \overline{y}_{A_1} &\sim N\left(\mu + \alpha_1, \tfrac{2}{N}\sigma^2\right) \\ \overline{y}_{A_2} &\sim N\left(\mu - \alpha_1, \tfrac{2}{N}\sigma^2\right) \end{aligned}$$

が成り立つことから導かれる．

分散分析によりモデルに含める要因を検討し，それに応じて応答の母平均を推定する．例えば因子 $A$, $B$, $C$, $D$ を取り上げ，これらの主効果と交互作用 $A\times B$ を取り上げ，$L_8\left(2^7\right)$ 直交表により2水準一部実施要因計画を構成しデータを収集する．その分散分析の結果，すべての主効果，交互作用を含めることにする場合，$A_i$, $B_j$, $C_k$, $D_l$ の下での母平均は

$$\mu(A_i, B_j, C_k, D_l) = \mu + \alpha_i + \beta_j + (\alpha\beta)_{ij} + \gamma_k + \delta_l$$

となる．これらの推定は

$$\begin{aligned}
\widehat{\mu} &= \overline{y}, & \widehat{\alpha}_i &= \overline{y}_{A_i} - \overline{y} \\
\widehat{\beta}_j &= \overline{y}_{B_j} - \overline{y}, & \widehat{(\alpha\beta)}_{ij} &= \overline{y}_{A_iB_j} - \overline{y}_{A_i} - \overline{y}_{B_j} + \overline{y} \\
\widehat{\gamma}_k &= \overline{y}_{C_k} - \overline{y}, & \widehat{\delta}_l &= \overline{y}_{D_l} - \overline{y}
\end{aligned}$$

を用いて，

$$\begin{aligned}
\widehat{\mu}(A_i, B_j, C_k, D_l) &= \widehat{\mu} + \widehat{\alpha}_i + \widehat{\beta}_j + \widehat{(\alpha\beta)}_{ij} + \widehat{\gamma}_k + \widehat{\delta}_l \\
&= \overline{y}_{A_iB_j} + \overline{y}_{C_k} + \overline{y}_{D_l} - 2\overline{y}
\end{aligned}$$

となる．

### 1.3.3　2水準直交表のデータ解析：生産量向上実験データの解析例

第1.2.4項で示している生産量向上実験について，表1.9に示す $L_{16}\left(2^{15}\right)$ への割付けを行い，無作為化した順序で実験を行った．その結果をまとめたものを，表1.11に示す．

このデータを用いて作成した分散分析表（表1.12）において，因子 $A$, $B$ の主効果，また2因子交互作用 $A\times B$, $A\times C$ の $F$ 値が大きい．これら以外の $A\times D$, $B\times C$, $B\times D$, $C\times D$ について，$F$ 値が1にも満たないので，これらを誤差項にプールし新たに分散分析を行う．なお $C$ については，その主効果の $F$ 値は1にも満たないものの，$A\times C$ の効果が大きいのでそのままモデルに取り入れる．その結果をまとめたものを表1.13に示す．

**表 1.11**　生産量向上のための $L_{16}(2^{15})$ 実験結果

| No. | [1] $A$ | [2] $B$ | [3] $A\times B$ | [4] $C$ | [5] $A\times C$ | [6] $B\times C$ | [7] | [8] $D$ | [9] $A\times D$ | [10] $B\times D$ | [11] | [12] $C\times D$ | [13] | [14] $F$ | [15] $G$ | 順序 | $y$ |
|---|---|---|---|---|---|---|---|---|---|---|---|---|---|---|---|---|---|
| 1 | 1 | 1 | 1 | 1 | 1 | 1 | 1 | 1 | 1 | 1 | 1 | 1 | 1 | 1 | 1 | 4 | 23 |
| 2 | 1 | 1 | 1 | 1 | 1 | 1 | 1 | 2 | 2 | 2 | 2 | 2 | 2 | 2 | 2 | 11 | 16 |
| 3 | 1 | 1 | 1 | 2 | 2 | 2 | 2 | 1 | 1 | 1 | 1 | 2 | 2 | 2 | 2 | 8 | 26 |
| 4 | 1 | 1 | 1 | 2 | 2 | 2 | 2 | 2 | 2 | 2 | 2 | 1 | 1 | 1 | 1 | 12 | 23 |
| 5 | 1 | 2 | 2 | 1 | 1 | 2 | 2 | 1 | 1 | 2 | 2 | 1 | 1 | 2 | 2 | 10 | 21 |
| 6 | 1 | 2 | 2 | 1 | 1 | 2 | 2 | 2 | 2 | 1 | 1 | 2 | 2 | 1 | 1 | 15 | 18 |
| 7 | 1 | 2 | 2 | 2 | 2 | 1 | 1 | 1 | 1 | 2 | 2 | 2 | 2 | 1 | 1 | 14 | 29 |
| 8 | 1 | 2 | 2 | 2 | 2 | 1 | 1 | 2 | 2 | 1 | 1 | 1 | 1 | 2 | 2 | 5 | 28 |
| 9 | 2 | 1 | 2 | 1 | 2 | 1 | 2 | 1 | 2 | 1 | 2 | 1 | 2 | 1 | 2 | 3 | 28 |
| 10 | 2 | 1 | 2 | 1 | 2 | 1 | 2 | 2 | 1 | 2 | 1 | 2 | 1 | 2 | 1 | 7 | 22 |
| 11 | 2 | 1 | 2 | 2 | 1 | 2 | 1 | 1 | 2 | 1 | 2 | 2 | 1 | 2 | 1 | 9 | 22 |
| 12 | 2 | 1 | 2 | 2 | 1 | 2 | 1 | 2 | 1 | 2 | 1 | 1 | 2 | 1 | 2 | 6 | 23 |
| 13 | 2 | 2 | 1 | 1 | 2 | 2 | 1 | 1 | 2 | 2 | 1 | 1 | 2 | 2 | 1 | 13 | 38 |
| 14 | 2 | 2 | 1 | 1 | 2 | 2 | 1 | 2 | 1 | 1 | 2 | 2 | 1 | 1 | 2 | 2 | 41 |
| 15 | 2 | 2 | 1 | 2 | 1 | 1 | 2 | 1 | 2 | 2 | 1 | 2 | 1 | 1 | 2 | 16 | 38 |
| 16 | 2 | 2 | 1 | 2 | 1 | 1 | 2 | 2 | 1 | 1 | 2 | 1 | 2 | 2 | 1 | 1 | 25 |
| 成 | a |  | a |  | a |  | a |  | a |  | a |  | a |  | a |  |  |
|  |  | b | b |  |  | b | b |  |  | b | b |  |  | b | b |  |  |
|  |  |  |  | c | c | c | c |  |  |  |  | c | c | c | c |  |  |
| 分 |  |  |  |  |  |  |  | d | d | d | d | d | d | d | d |  |  |

このように，交互作用の効果が大きいときに，それを構成する因子の主効果が小さくとも，主効果をモデルに含めることはよく行われる．これは，因子の主効果がなくて交互作用のみが存在するのは，現実問題として考えにくいという実践的な理由によるものであり，数理的な理由ではない．このように，交互作用の効果があるときには主効果もあるという考え方を，**効果の遺伝性** (effect heredity) と呼ぶ（例えば，Wu and Hamada (2009)）．

表 1.13 から，$A$, $B$, $D$, $F$, $G$ の主効果と 2 因子交互作用 $A\times B$, $A\times C$ の $F$ 値が 2 を大きく超えていることがわかる．また，この表から因子 $A$, $B$ の主効果，2 因子交互作用 $A\times B$, $A\times C$ の効果が大きいことがわかる．

**表 1.12** 生産性向上のための $L_{16}\,(2^{15})$ 実験における分散分析表（プーリング前）

| 要因 | $S$ | $\phi$ | $V$ | $F$ | $p$ |
|---|---|---|---|---|---|
| $A$ | 175.563 | 1 | 175.563 | 11.919 | 0.041 |
| $B$ | 189.063 | 1 | 189.063 | 12.836 | 0.037 |
| $C$ | 3.063 | 1 | 3.063 | 0.208 | 0.679 |
| $D$ | 52.563 | 1 | 52.563 | 3.569 | 0.155 |
| $F$ | 39.063 | 1 | 39.063 | 2.652 | 0.202 |
| $G$ | 27.563 | 1 | 27.563 | 1.871 | 0.265 |
| $A \times B$ | 95.063 | 1 | 95.063 | 6.454 | 0.085 |
| $A \times C$ | 150.063 | 1 | 150.063 | 10.188 | 0.050 |
| $B \times C$ | 0.563 | 1 | 0.563 | 0.038 | 0.858 |
| $A \times D$ | 0.063 | 1 | 0.063 | 0.004 | 0.952 |
| $B \times D$ | 0.063 | 1 | 0.063 | 0.004 | 0.952 |
| $C \times D$ | 0.563 | 1 | 0.563 | 0.038 | 0.858 |
| 誤差 | 44.188 | 3 | 14.729 | | |
| 合計 | 777.438 | 15 | | | |

**表 1.13** 生産性向上のための $L_{16}\,(2^{15})$ 実験における分散分析表（プーリング後）

| 要因 | $S$ | $\phi$ | $V$ | $F$ | $p$ |
|---|---|---|---|---|---|
| $A$ | 175.563 | 1 | 175.563 | 27.047 | 0.001 |
| $B$ | 189.063 | 1 | 189.063 | 29.127 | 0.001 |
| $C$ | 3.063 | 1 | 3.063 | 0.472 | 0.514 |
| $D$ | 52.563 | 1 | 52.563 | 8.098 | 0.025 |
| $F$ | 39.063 | 1 | 39.063 | 6.018 | 0.044 |
| $G$ | 27.563 | 1 | 27.563 | 4.246 | 0.078 |
| $A \times B$ | 95.063 | 1 | 95.063 | 14.645 | 0.006 |
| $A \times C$ | 150.063 | 1 | 150.063 | 23.118 | 0.002 |
| 誤差 | 45.438 | 7 | 6.491 | | |
| 合計 | 777.438 | 15 | | | |

以上のことから

$$\begin{aligned}&\mu(A,B,C,D,F,G)\\&=\mu+\alpha+\beta+\gamma+\delta+\zeta+\eta+(\alpha\beta)+(\alpha\gamma)\end{aligned}\tag{1.6}$$

を考える．なお，上式において因子 $F$, $G$ の効果を $\zeta$, $\eta$ であらわしている．

次に式 (1.6) に基づく推定は，先の例と同様に行う．具体的には，

$$\begin{aligned}\widehat{\mu}&=\overline{y}\\\widehat{\alpha}&=\overline{y}_A-\overline{y}\\\widehat{\beta}&=\overline{y}_B-\overline{y}\\\widehat{\gamma}&=\overline{y}_C-\overline{y}\\\widehat{\delta}&=\overline{y}_D-\overline{y}\\\widehat{\zeta}&=\overline{y}_F-\overline{y}\\\widehat{\eta}&=\overline{y}_G-\overline{y}\\\widehat{(\alpha\beta)}&=\overline{y}_{AB}-\overline{y}_A-\overline{y}_B+\overline{y}\\\widehat{(\alpha\gamma)}&=\overline{y}_{AC}-\overline{y}_A-\overline{y}_C+\overline{y}\end{aligned}$$

によりそれぞれを推定し，これらを組み合せる．すなわち，

$$\begin{aligned}\widehat{\mu}(A,B,C,D,F,G)&=\widehat{\mu}+\widehat{\alpha}+\widehat{\beta}+\widehat{\gamma}+\widehat{\delta}+\widehat{\zeta}+\widehat{\eta}+\widehat{(\alpha\beta)}+\widehat{(\alpha\gamma)}\\&=\overline{y}_{AB}+\overline{y}_{AC}-\overline{y}_A+\overline{y}_D+\overline{y}_F+\overline{y}_G-3\overline{y}\end{aligned}$$

となる．この計算をすべての水準組合せについて計算したところ，$A_2$, $B_2$, $C_1$, $D_1$, $F_1$, $G_2$ が最も生産量の推定値が高い水準組合せとなる．そのときには

$$\widehat{\mu}(A_2,B_2,C_1,D_1,F_1,G_2)=42.813$$

となる．

## 1.4　定義関係に基づく一部実施要因計画の構成

### 1.4.1　概　要

直交表による一部実施要因計画の本質は，存在しないと思われる交互作用列に因子を割り付けて積極的に別名関係になるようにし，実験回数を低減することにある．例えば表1.3では，因子 $A$ と因子 $B$ の交互作用 $A \times B$ は存在しないものとし，因子 $C$ を交互作用 $A \times B$ と別名関係になる，すなわち，$C$ を $A \times B$ が交絡するように割り付け，実験回数が1/2となる4回の実験で，因子 $A$, $B$, $C$ の主効果の推定ができるようにしている．

因子 $C$ の列が，因子 $A$ と因子 $B$ の交互作用から構成されていることを，記号 $\mathbf{A}$, $\mathbf{B}$, $\mathbf{C}$ を用いて

$$\mathbf{C} = \mathbf{AB} \tag{1.7}$$

とあらわす．これは，因子 $A$ と因子 $B$ の水準組合せをすべて実施する要因計画を構成し，因子 $C$ は交互作用 $A \times B$ と別名関係にして求める1/2実施要因計画を構成することを意味する．$A$, $B$ のように要因計画を構成する因子を**基本因子** (basic factor)，$C$ のように基本因子の交互作用によって求める因子を**生成される因子** (generated factor) と呼ぶ．また，$\mathbf{AB}$ のように新たに作成する内容を示したものを，**計画生成子** (design generator) と呼ぶ．

この表記で，

$$\mathbf{A}^2 = \mathbf{B}^2 = \mathbf{C}^2 = \mathbf{I} \tag{1.8}$$

とする．この場合，水準が $-1, 1$ であらわされると考えると，乗算と対応する．ただし $\mathbf{I}$ はすべての要素が1であることをあらわす．この関係を用いると，式(1.7)の両辺に $\mathbf{B}$, $\mathbf{A}$ を乗じて変形すると，式(1.8)より

$$\mathbf{A} = \mathbf{BC}, \quad \mathbf{B} = \mathbf{AC}$$

を得る．この式では，$A$ の主効果と交互作用 $B \times C$ が，$B$ の主効果と交

互作用 $A \times C$ が別名関係にあることがわかる．これは，表 1.3 における別名関係を表現している．

このように，因子の別名関係を定義した記号列を**定義関係** (defining relation)，あるいは，**定義語** (defining words) と呼ぶ．この表現として，通常は，

$$\mathbf{ABC} = \mathbf{I}$$

というように，どのような記号の積が $\mathbf{I}$ に等しいかを示す．

日本語の書籍では，一部実施要因計画の構成法として直交表が広まっているからか，2 水準の計画を 1, 2 で表現することが多い．これに対し，欧米の書籍では定義関係をもとに一部実施要因計画を構成するので，水準を $-1, 1$ で表現することが多い．

2 水準の因子が $p$ 個の場合，要因計画の実験回数は $2^p$ となる．この実験回数を半分に減らすには，一部実施を規定した定義関係を 1 つ設定する．例えば，3 因子 $A$, $B$, $C$ に対して

$$\mathbf{ABC} = \mathbf{I}$$

を設定した場合には，基本因子を $A, B$ とし，生成される因子 $C$ を $\mathbf{C} = \mathbf{AB}$ で求める．

また，4 因子 $A$, $B$, $C$, $D$ を取り上げ

$$\mathbf{ABCD} = \mathbf{I}$$

とする場合には，基本因子を $A, B, C$ とし，生成される因子 $D$ を $\mathbf{D} = \mathbf{ABC}$ で求める．具体的には，まずは $A$, $B$, $C$ について $2^3$ 要因計画を作成し，次に，3 因子交互作用 $A \times B \times C$ により $D$ 列を求める．これらの概要をまとめたものを表 1.14 に示す．なお，直交表に割り付けたときの成分記号もあわせて示す．

表 1.14 において，3 因子の場合には $2^3$ 要因計画の 1/2 実施，あるいは，$2^{3-1}$ 一部実施要因計画と呼ぶ．同様に，4 因子の場合には $2^4$ 要因計画の 1/2 実施，あるいは，$2^{4-1}$ 一部実施要因計画と呼ぶ．さらに，直交表に

表 1.14 定義関係を用いた一部実施要因計画の例

| No | $A$ | $B$ | $C=A\times B$ |
|---|---|---|---|
| 1 | 1 | 1 | 1 |
| 2 | 1 | 2 | 2 |
| 3 | 2 | 1 | 2 |
| 4 | 2 | 2 | 1 |
| 成 | a | | a |
| | | b | b |
| 分 | | | |

計画生成子：$\mathbf{C}=\mathbf{AB}$

| No | $A$ | $B$ | $C$ | $D=A\times B\times C$ |
|---|---|---|---|---|
| 1 | 1 | 1 | 1 | 1 |
| 2 | 1 | 1 | 2 | 2 |
| 3 | 1 | 2 | 1 | 2 |
| 4 | 1 | 2 | 2 | 1 |
| 5 | 2 | 1 | 1 | 2 |
| 6 | 2 | 1 | 2 | 1 |
| 7 | 2 | 2 | 1 | 1 |
| 8 | 2 | 2 | 2 | 2 |
| 成 | a | | | a |
| | | b | | b |
| 分 | | | c | c |

計画生成子：$\mathbf{D}=\mathbf{ABC}$

おける成分記号は定義関係と同様の意味があることが確認できる．

### 1.4.2 一部実施要因計画の構成と別名関係の把握

**定義関係に基づく一部実施要因計画の構成**

要因計画の 1/2 実施要因計画と同様に，1/4 実施要因計画，1/8 実施要因計画を構成することもできる．例えば 5 因子 $A$, $B$, $C$, $D$, $F$ について，2 つの定義関係

$$\mathbf{ABCD}=\mathbf{ABF}=\mathbf{I}$$

を設定する．これは，基本因子を $A,B,C$ とし，生成される因子を $D,F$ としている．すなわち，2 つの因子については他の因子の交互作用と別名関係にすることで，$2^{5-2}$ 要因計画を構成できる．この定義関係の場合には，計画生成子は

$$\mathbf{D}=\mathbf{ABC},\quad \mathbf{F}=\mathbf{AB}$$

となる．

このように，2 つの定義関係を設定することで 1/4 実施要因計画，3 つ

の定義関係を設定することで 1/8 実施要因計画となる．一般に，$p$ 個の 2 水準因子に対して $q$ 個の定義関係を設定すると，$1/2^q$ 実施要因計画，すなわち $2^{p-q}$ 一部実施要因計画を構成できる．

**【例 1】主効果と別名関係にある交互作用**

定義関係 $\mathbf{ABCD} = \mathbf{I}$ による 1/2 実施要因計画は，式 (1.8) が示すとおり 2 乗したものは $\mathbf{I}$ となることを利用し，$\mathbf{ABCD} = \mathbf{I}$ を適宜変形することで次の別名関係を得る．

$$\begin{array}{ll} \mathbf{A} = \mathbf{BCD}, & \mathbf{AB} = \mathbf{CD} \\ \mathbf{B} = \mathbf{ACD}, & \mathbf{AC} = \mathbf{BD} \\ \mathbf{C} = \mathbf{ABD}, & \mathbf{AD} = \mathbf{BC} \\ \mathbf{D} = \mathbf{ABC}, & \mathbf{ABCD} = \mathbf{I} \end{array} \tag{1.9}$$

この 4 因子実験の場合，4 個の主効果，$\binom{4}{2} = 6$ 個の 2 因子交互作用，4 個の 3 因子交互作用，1 個の 4 因子交互作用があり，それらがすべて式 (1.9) に含まれている．これにより，主効果と交互作用の別名関係が把握できる．

**【例 2】別名関係の全列挙**

5 因子 $A, B, C, D, F$ を取り上げた 1/4 実施要因計画を，

$$\mathbf{ABCD} = \mathbf{I}, \quad \mathbf{ABF} = \mathbf{I}$$

で構成する．この場合の別名関係は，これらに加え，2 つの定義関係の積

$$\mathbf{ABCD} \times \mathbf{ABF} = \mathbf{A}^2\mathbf{B}^2\mathbf{CDF} = \mathbf{CDF} = \mathbf{I}$$

となる．すなわち，

$$\mathbf{ABCD} = \mathbf{ABF} = \mathbf{CDF} = \mathbf{I}$$

が別名関係のすべてとなる．これを主効果，交互作用別に整理すると

$$
\begin{array}{llll}
\mathbf{I} & = \mathbf{ABCD} & = \mathbf{ABF} & = \mathbf{CDF} \\
\mathbf{A} & = \mathbf{BCD} & = \mathbf{BF} & = \mathbf{ACDF} \\
\mathbf{B} & = \mathbf{ACD} & = \mathbf{AF} & = \mathbf{BCDF} \\
\mathbf{C} & = \mathbf{ABD} & = \mathbf{ABCF} & = \mathbf{DF} \\
\mathbf{D} & = \mathbf{ABC} & = \mathbf{ABDF} & = \mathbf{CF} \\
\mathbf{F} & = \mathbf{ABCDF} & = \mathbf{AB} & = \mathbf{CD} \\
\mathbf{AC} & = \mathbf{BD} & = \mathbf{BCF} & = \mathbf{ADF} \\
\mathbf{AD} & = \mathbf{BC} & = \mathbf{BDF} & = \mathbf{ACF}
\end{array}
\tag{1.10}
$$

を得る．これから，$A$ の主効果は他の主効果と別名関係にないが，交互作用 $B \times C \times D$, $B \times F$, $A \times C \times D \times F$ と別名関係にあることがわかる．同様に，主効果どうしは別名関係にはない．また，主効果と交互作用，交互作用どうしが別名関係となる場合があり，この場合には分離した推定ができない．

また，3 個の定義関係がある $1/2^3$ 実施要因計画の場合には，この 3 個の定義関係に加え，3 から 2 個を選んだ定義関係の積，3 個の定義関係の積という，全部で 7 個であらわされる別名関係となる．一般に，$f$ 個の定義関係がある $1/2^f$ 実施要因計画の場合には，$f$ 個の定義関係，$f$ から 2 個を選んだ定義関係の積，…，$f$ 個の定義関係の積という $\left(2^f - 1\right)$ 個の別名関係となる．

**【例 3】直交表と別名関係の対応**

定義関係

$$
\mathbf{ABCD} = \mathbf{ABF} = \mathbf{ACG} = \mathbf{BCH} = \mathbf{I}
$$

を用いて，$A$, $B$, $C$ を基本因子，$D$, $F$, $G$, $H$ を生成される因子とする $2^{7-4}$ 一部実施要因計画について，直交表 $L_8\left(2^7\right)$ の列に対応させて表 1.15 に示す．この表の成分記号に着目すると，因子 $D$ を 3 因子交互作用 $A \times B \times C$ で，また，因子 $F$, $G$, $H$ を，それぞれ，交互作用 $A \times B$, $A \times C$, $B \times C$ で構成している．この例は，直交表での実験計画の構成結果と定義関係による実験計画の構成結果が同様のものになることを示している．このように，直交表 $L_8\left(2^7\right), L_{16}\left(2^{15}\right)$ など，実験回数が $2^k$ の

**表 1.15**　定義関係による一部実施要因計画例と直交表との対応

| No | $A$ | $B$ | $F$ | $C$ | $G$ | $H$ | $D$ |
|---|---|---|---|---|---|---|---|
| 1 | 1 | 1 | 1 | 1 | 1 | 1 | 1 |
| 2 | 1 | 1 | 1 | 2 | 2 | 2 | 2 |
| 3 | 1 | 2 | 2 | 1 | 1 | 2 | 2 |
| 4 | 1 | 2 | 2 | 2 | 2 | 1 | 1 |
| 5 | 2 | 1 | 2 | 1 | 2 | 1 | 2 |
| 6 | 2 | 1 | 2 | 2 | 1 | 2 | 1 |
| 7 | 2 | 2 | 1 | 1 | 2 | 2 | 1 |
| 8 | 2 | 2 | 1 | 2 | 1 | 1 | 2 |
| 成分 | a | | a | | a | | a |
| | | b | b | | | b | b |
| | | | | c | c | c | c |

計画生成子：$\mathbf{D} = \mathbf{ABC}$, $\mathbf{F} = \mathbf{AB}$, $\mathbf{G} = \mathbf{AC}$, $\mathbf{H} = \mathbf{BC}$

直交表 $L_{2^k}\left(2^{2^k-1}\right)$ は，$k$ 個の基本因子の列に加え，2 因子交互作用，3 因子交互作用などの列からなる．言い換えると，基本因子と生成される因子の関係を成分記号は表現している．

### 1.4.3　計画のレゾリューションと一部実施要因計画の構成

**レゾリューションとは**

計画のよさを全体的に評価するために，**レゾリューション**（resolution, 分解能）を計画の評価基準として導入する．レゾリューションは，一部実施要因計画を規定する“$= \mathbf{I}$”で表現できる定義関係のうち，左辺の最小の文字数で定義される．具体的には次のとおりである．

1. レゾリューション III の計画とは，$\mathbf{ABC} = \mathbf{I}$ のように，$= \mathbf{I}$ の左辺の最小の文字数が 3 の計画である．レゾリューション III の計画では，主効果どうしは別名関係にならず直交するが，主効果と交互作用，交互作用どうしは別名関係にある計画となる．例えば 5 因子 $A$, $B$, $C$, $D$, $F$ について，定義関係 $\mathbf{ABCD} = \mathbf{I}$, $\mathbf{ABF} = \mathbf{I}$ を用いて

$2^{5-2}$ 一部実施要因計画を構成した場合には，式 (1.10) に示す別名関係となる．これらの別名関係の中には，$\mathbf{ABF} = \mathbf{I}$，$\mathbf{CDF} = \mathbf{I}$ が含まれ，$\mathbf{I}$ に等しい最小の文字数は 3 であり，この計画がレゾリューション III の計画であることが確認できる．また，$A$ の主効果は因子 $B$ など他の因子の主効果と直交するが，例えば，$\mathbf{ABF} = \mathbf{I}$ より交互作用 $B \times F$ と別名関係になる．

2. レゾリューション IV の計画とは，$\mathbf{ABCD} = \mathbf{I}$ のように，$= \mathbf{I}$ の左辺の最小の文字数が 4 の計画である．レゾリューション IV の計画では，主効果どうし，主効果と 2 因子交互作用は別名関係にならず直交するが，交互作用どうしは別名関係にある．例えば 4 因子 $A$, $B$, $C$, $D$ について，定義関係 $\mathbf{ABCD} = \mathbf{I}$ により $2^{4-1}$ 一部実施要因計画を構成した場合には，式 (1.9) に示す別名関係となる．これらの別名関係の中には，$\mathbf{ABCD} = \mathbf{I}$ のように $\mathbf{I}$ に等しい最小の文字数は 4 であり，この計画がレゾリューション IV の計画であることが確認できる．
3. レゾリューション V の計画とは，$\mathbf{ABCDF} = \mathbf{I}$ のように，$= \mathbf{I}$ の左辺の最小の文字数が 5 の計画である．例えば 5 因子 $A$, $B$, $C$, $D$, $F$ について，定義関係 $\mathbf{ABCDF} = \mathbf{I}$ に基づいて $2^{5-1}$ 要因配置計画を構成する．このときの別名関係は次のとおりとなる．

$$\begin{array}{llll} \mathbf{A} = \mathbf{BCDF}, & \mathbf{B} = \mathbf{ACDF}, & \mathbf{C} = \mathbf{ABDF}, & \mathbf{D} = \mathbf{ABCF} \\ \mathbf{F} = \mathbf{ABCD}, & \mathbf{AB} = \mathbf{CDF}, & \mathbf{AC} = \mathbf{BDF}, & \mathbf{AD} = \mathbf{BCF} \\ \mathbf{AF} = \mathbf{BCD}, & \mathbf{BC} = \mathbf{ADF}, & \mathbf{BD} = \mathbf{ACF}, & \mathbf{BF} = \mathbf{ACD} \\ \mathbf{CD} = \mathbf{ABF}, & \mathbf{CF} = \mathbf{ABD}, & \mathbf{DF} = \mathbf{ABC}, & \mathbf{ABCDF} = \mathbf{I} \end{array}$$

これらの別名関係の中には，$\mathbf{ABCDF} = \mathbf{I}$ のように $\mathbf{I}$ に等しい最小の文字数は 5 であり，この計画がレゾリューション V の計画であることが確認できる．

これと同様に，レゾリューション VI, VII の計画も定義できる．例えばレゾリューション VI の場合には，主効果どうし，2 因子交互作用どうし，主効果と 2 因子交互作用，主効果と 3 因子交互作用，主効果と 4 因子交互作用2因子交互作用と3因子交互作用は直交し，別名関係にはならない．一方，3因子交互作用どうし，および，それより高次の交互作用は別名関係になる計画である．

上記の例からもわかるとおり，レゾリューションIIIよりもIVが，IVよりもVが計画として推定の立場からは好ましい．通常，主効果の推定の方が2因子，3因子交互作用の推定よりも重要であり，2因子交互作用の推定の方が3因子交互作用の推定よりも重要である．一方，レゾリューションIII, IV, Vとなるにつれて，実験回数は増加するので，実験回数と求めたい次数の交互作用のバランスを考慮して計画を構成するとよい．

### レゾリューションに関する補足

レゾリューションは，$\mathbf{I}$に等しい定義関係の最小の文字数で定義されていて，計画全体で最も好ましくない次数の別名関係で定めている．これに対して計画全体ではなく，特定の因子の主効果が2因子，3因子交互作用と別名関係にならず直交することが望ましい場合もある．例えば因子$A$, $B$, $C$, $D$, $F$があり，定義関係を

$$\mathbf{ABCD} = \mathbf{I} \tag{1.11}$$

とし，実験回数$2^{5-1}$の2水準一部実施要因計画を構成すると，因子$F$の主効果は$A, B, C, D$の主効果や，これらからなる交互作用と別名関係にならず直交する．また，$A \times F$などの因子$F$を含む2因子交互作用は，式(1.11)より$\mathbf{ABCDF} = \mathbf{F}$なので$\mathbf{BCDF} = \mathbf{AF}$となり，$B \times C \times D \times F$のように因子$F$を含む4因子交互作用と別名関係になる．

一方，定義関係を

$$\mathbf{ABCDF} = \mathbf{I}$$

とすると，これはレゾリューションVの計画であり，因子$F$の主効果は$A, B, C, D$の4因子交互作用と別名関係になる．また，$A \times F$などの因子$F$を含む2因子交互作用は，$B \times C \times D$のように残りの因子の3因子交

互作用と別名関係になる．

因子 $F$ について他の因子よりも興味があり，その効果を鮮明に推定したいならば，因子 $F$ の主効果は $F$ を含む 5 因子交互作用と，また，因子 $F$ を含む 2 因子交互作用は $F$ を含む 4 因子交互作用と別名関係にある，式 (1.11) で構成した計画の方が好ましい．これらの例からわかるとおり，計画のよさを全体的に評価するための指標がレゾリューションである．

**レゾリューションを考慮した一部実施要因計画の構成**

因子数，実験回数をもとに，レゾリューション III, IV, V などの計画を構成するための計画生成子を，表 1.16 に示す．これをもとに，一部実施要因計画を構成できる．なおこれらの計画生成子は，標準的なテキストに掲載されているものである（例えば，Montgomery (2001), Wu and Hamada (2009)）．欧米の書籍では，このように計画生成子を用いて一部実施要因計画を構成するのが主流であるのに対し，日本語の書籍では直交表と線点図で一部実施要因計画を構成するのが主流である．

例として，7 つの因子 $A$, $B$, $C$, $D$, $F$, $G$, $H$ について，レゾリューション IV の計画を構成する．レゾリューション IV なので，主効果と別名関係にあるのは 3 因子交互作用，および，それよりも高次の交互作用である．表 1.16 を見ると，$2^7$ 要因計画の 1/8 実施の実験回数 16 の計画により，レゾリューション IV の計画が作成できる．この場合の基本因子は $\mathbf{A}, \mathbf{B}, \mathbf{C}, \mathbf{D}$，成子される因子は

$$\mathbf{F} = \mathbf{ABC},\ \ \mathbf{G} = \mathbf{ABD},\ \ \mathbf{H} = \mathbf{ACD}$$

である．

具体的には，まず，因子 $A$, $B$, $C$, $D$ について $2^4$ 要因配置計画を構成する．次に因子 $F$ を 3 因子交互作用 $A \times B \times C$ により構成する．この 3 因子交互作用を求めるには，2 因子交互作用 $A \times B$ の列を作成し，それと因子 $C$ の交互作用を生成すればよい．また，因子 $G$ の列，因子 $H$ の列は，それぞれ 3 因子交互作用 $B \times C \times D$, $A \times C \times D$ として求める．この結果をまとめたものを，表 1.17 に示す．

**表 1.16**　一部実施要因計画のレゾリューションと計画生成子

| 因子数 | 一部実施度 | 実験回数 | レゾリューション | 計画生成子 | |
|---|---|---|---|---|---|
| 3 | 1/2 | 4 | III | **C** = **AB** | |
| 4 | 1/2 | 8 | IV | **D** = **ABC** | |
| 5 | 1/2 | 16 | V | **F** = **ABCD** | |
| | 1/4 | 8 | III | **D** = **AB** | **F** = **AC** |
| 6 | 1/2 | 32 | VI | **G** = **ABCDF** | |
| | 1/4 | 16 | IV | **F** = **ABC** | **G** = **ABD** |
| | 1/8 | 8 | III | **D** = **AB** | **F** = **AC** |
| | | | | **G** = **BC** | |
| 7 | 1/2 | 64 | VII | **H** = **ABCDFG** | |
| | 1/4 | 32 | IV | **G** = **ABCD** | **H** = **ABDF** |
| | 1/8 | 16 | IV | **F** = **ABC** | **G** = **ABD** |
| | | | | **H** = **ACD** | |
| | 1/16 | 8 | III | **D** = **AB** | **F** = **AC** |
| | | | | **G** = **BC** | **H** = **ABC** |
| 8 | 1/2 | 128 | VIII | **J** = **ABCDFGH** | |
| | 1/4 | 64 | V | **H** = **ABCD** | **J** = **ABFG** |
| | 1/8 | 32 | IV | **G** = **ABC** | **H** = **ABD** |
| | | | | **J** = **BCDF** | |
| | 1/16 | 16 | IV | **F** = **ABC** | **G** = **ABD** |
| | | | | **H** = **ACD** | **J** = **BCD** |
| 9 | 1/4 | 128 | VI | **J** = **ACDGH** | **K** = **BCFGH** |
| | 1/8 | 64 | IV | **H** = **ABCD** | **J** = **ACFG** |
| | | | | **K** = **CDFG** | |
| | 1/16 | 32 | IV | **G** = **BCDF** | **H** = **ACDF** |
| | | | | **J** = **ABDF** | **K** = **ABCF** |
| | 1/32 | 16 | III | **F** = **ABC** | **G** = **BCD** |
| | | | | **H** = **ACD** | **J** = **ABD** |
| | | | | **K** = **ABCD** | |
| 10 | 1/8 | 128 | V | **J** = **ABCH** | **K** = **ACDF** |
| | | | | **L** = **ABDG** | |
| | 1/16 | 64 | IV | **H** = **BCDG** | **J** = **ACDG** |
| | | | | **K** = **ABDF** | **L** = **ABCF** |
| | 1/32 | 32 | IV | **G** = **ABCD** | **H** = **ABCF** |
| | | | | **J** = **ABDF** | **K** = **ACDF** |
| | | | | **L** = **BCDF** | |
| | 1/64 | 16 | III | **F** = **ABC** | **G** = **BCD** |
| | | | | **H** = **ACD** | **J** = **ABD** |
| | | | | **K** = **ABCD** | **L** = **AB** |

注）混乱を避けるため，計画生成子に記号 **E**, **I** は用いていない．

**表 1.17**　計画生成子による一部実施要因計画の例

| No. | $A$ | $B$ | $C$ | $D$ | $F$ | $G$ | $H$ |
|---|---|---|---|---|---|---|---|
| 1 | −1 | −1 | −1 | −1 | −1 | −1 | −1 |
| 2 | −1 | −1 | −1 | 1 | −1 | 1 | 1 |
| 3 | −1 | −1 | 1 | −1 | 1 | −1 | 1 |
| 4 | −1 | −1 | 1 | 1 | 1 | 1 | −1 |
| 5 | −1 | 1 | −1 | −1 | 1 | 1 | −1 |
| 6 | −1 | 1 | −1 | 1 | 1 | −1 | 1 |
| 7 | −1 | 1 | 1 | −1 | −1 | 1 | 1 |
| 8 | −1 | 1 | 1 | 1 | −1 | −1 | −1 |
| 9 | 1 | −1 | −1 | −1 | 1 | 1 | 1 |
| 10 | 1 | −1 | −1 | 1 | 1 | −1 | −1 |
| 11 | 1 | −1 | 1 | −1 | −1 | 1 | −1 |
| 12 | 1 | −1 | 1 | 1 | −1 | −1 | 1 |
| 13 | 1 | 1 | −1 | −1 | −1 | −1 | 1 |
| 14 | 1 | 1 | −1 | 1 | −1 | 1 | −1 |
| 15 | 1 | 1 | 1 | −1 | 1 | −1 | −1 |
| 16 | 1 | 1 | 1 | 1 | 1 | 1 | 1 |

表 1.17 の計画について，主効果に関連する別名関係の一部は

$$
\begin{aligned}
\mathbf{A} &= \mathbf{BCF} = \mathbf{BDG} = \mathbf{CDH} = \mathbf{ACDFG} \\
&= \mathbf{ABDFH} = \mathbf{ABCGH} = \mathbf{FGH} \\
\mathbf{B} &= \mathbf{ACF} = \mathbf{ADG} = \mathbf{ABCDH} = \mathbf{BCDFG} \\
&= \mathbf{DFH} = \mathbf{CGH} = \mathbf{ABFGH} \\
\mathbf{C} &= \mathbf{ABF} = \mathbf{ABCDG} = \mathbf{ADH} = \mathbf{DFG} \\
&= \mathbf{BCDFH} = \mathbf{BGH} = \mathbf{ACFGH} \\
\mathbf{D} &= \mathbf{ABCDF} = \mathbf{ABG} = \mathbf{ACH} = \mathbf{CFG} \\
&= \mathbf{BFH} = \mathbf{BCDGH} = \mathbf{ADFGH} \\
\mathbf{F} &= \mathbf{ABC} = \mathbf{ABDFG} = \mathbf{ACDFH} = \mathbf{CDG} \\
&= \mathbf{BDH} = \mathbf{BCFGH} = \mathbf{AGH} \\
\mathbf{G} &= \mathbf{ABCGF} = \mathbf{ABD} = \mathbf{ACDGH} = \mathbf{CDF} \\
&= \mathbf{BDFGH} = \mathbf{BCH} = \mathbf{AFH} \\
\mathbf{H} &= \mathbf{ABCFH} = \mathbf{ABDGH} = \mathbf{ACD} = \mathbf{CDFGH} \\
&= \mathbf{BDF} = \mathbf{BCG} = \mathbf{AFG}
\end{aligned}
$$

となる．この関係を見ると，すべての主効果は 2 因子交互作用とは別名

表 1.18 一部実施要因計画例と直交表の対応

| | $A$ | $B$ | $C$ | $D$ | $F$ | $G$ | $H$ |
|---|---|---|---|---|---|---|---|
| No | [1] | [2] | [4] | [8] | [7] | [11] | [13] |
| 成分 | a | | | | a | a | a |
| | | b | | | b | b | |
| | | | c | | c | | c |
| | | | | d | | d | d |

関係になっておらず，3因子交互作用や，それより高次の交互作用と別名関係にあることがわかる．このことは，たとえ2因子交互作用があったとしても，主効果の推定には影響を与えない計画を意味する．

またこの計画と，$L_{16}\left(2^{15}\right)$ 直交表の列番号の対応をまとめたものを表1.18に示す．この表において，因子 $A$ は $L_{16}\left(2^{15}\right)$ 直交表の第[1]列に対応しその成分記号はaであり，また因子 $F$ は $L_{16}\left(2^{15}\right)$ 直交表の第[7]列に対応しその成分記号がabcであることを示している．この表から，今回のレゾリューションIVの計画は，$L_{16}\left(2^{15}\right)$ 直交表に[1], [2], [4], [8], [7], [11], [13]を選んで割付けを行っていることに等しいことがわかる．

さらに表1.16において，因子数7，1/4実施のように，計画生成子の文字数よりもレゾリューションが小さくなる場合がある．これは $\mathbf{ABCDG} = \mathbf{ABDFH} = \mathbf{I}$ をもとにこれらの積を求めると $\mathbf{ABCDG} \times \mathbf{ABDFH} = \mathbf{CFGH}$ のように文字数が少なくなることによる．

## 1.5 いくつかの一部実施要因計画

### 1.5.1 プラケット・バーマン計画

前節までは，実験回数 $N$ が2のべき乗の場合を取り上げていて，実験回数 $N$ が8, 16, 32, 64というように，その種類が限られる．実験回数 $N$ が2のべき乗でない場合も含め，Plackett and Burman (1946) は直交行列である**アダマール行列** (Hadamard matrix) に基づく2水準の直交計画の構成方法を示している．これによると，のちに説明する簡単な方法で計

**表 1.19**　プラケット・バーマン計画 ($N = 12$)

| No. | [1] | [2] | [3] | [4] | [5] | [6] | [7] | [8] | [9] | [10] | [11] |
|---|---|---|---|---|---|---|---|---|---|---|---|
| 1 | 1 | 1 | 2 | 1 | 1 | 1 | 2 | 2 | 2 | 1 | 2 |
| 2 | 2 | 1 | 1 | 2 | 1 | 1 | 1 | 2 | 2 | 2 | 1 |
| 3 | 1 | 2 | 1 | 1 | 2 | 1 | 1 | 1 | 2 | 2 | 2 |
| 4 | 2 | 1 | 2 | 1 | 1 | 2 | 1 | 1 | 1 | 2 | 2 |
| 5 | 2 | 2 | 1 | 2 | 1 | 1 | 2 | 1 | 1 | 1 | 2 |
| 6 | 2 | 2 | 2 | 1 | 2 | 1 | 1 | 2 | 1 | 1 | 1 |
| 7 | 1 | 2 | 2 | 2 | 1 | 2 | 1 | 1 | 2 | 1 | 1 |
| 8 | 1 | 1 | 2 | 2 | 2 | 1 | 2 | 1 | 1 | 2 | 1 |
| 9 | 1 | 1 | 1 | 2 | 2 | 2 | 1 | 2 | 1 | 1 | 2 |
| 10 | 2 | 1 | 1 | 1 | 2 | 2 | 2 | 1 | 2 | 1 | 1 |
| 11 | 1 | 2 | 1 | 1 | 1 | 2 | 2 | 2 | 1 | 2 | 1 |
| 12 | 2 | 2 | 2 | 2 | 2 | 2 | 2 | 2 | 2 | 2 | 2 |

画が構成できる．これらの計画を，**プラケット・バーマン計画** (Plackett and Burman design) と呼ぶ．

表 1.19 に $N = 12$ のプラケット・バーマン計画を示す．この計画は 12 行から構成され，また，互いに直交する 11 列からなる．これを，$L_{12}(2^{11})$ 直交表と表記することもある．また，表 1.20 に，$N = 20$ のプラケット・バーマン計画を示す．この計画は 20 行から構成され，互いに直交する 19 列からなる．なお，直交表 $L_8\left(2^7\right)$，$L_{16}\left(2^{15}\right)$ などとの整合性を考え，水準を 1, 2 で表現している．

これらの計画の最も大きな特徴は，ある 2 列間の交互作用は，残りの列に分散して出現することにある．実験回数 $N$ が 2 のべき乗である $L_8\left(2^7\right), L_{16}\left(2^{15}\right)$ 直交表などの場合には，2 列間の交互作用は必ずどこかの列と別名関係，すなわち，完全に交絡している．これは，定義関係により構成した一部実施要因計画を考えると理解しやすい．このような性質の違いから，直交表 $L_8\left(2^7\right), L_{16}\left(2^{15}\right)$ などや，前節の計画生成子により構成した一部実施要因計画のように，2 列間の交互作用が他の列と直交するか完全に交絡する計画を**レギュラー計画** (regular design) と呼ぶ．

これに対して，$N$ が 12 や 20 のプラケット・バーマン計画のように，2

表 1.20　プラケット・バーマン計画 ($N = 20$)

| No. | [1] | [2] | [3] | [4] | [5] | [6] | [7] | [8] | [9] | [10] | [11] | [12] | [13] | [14] | [15] | [16] | [17] | [18] | [19] |
|---|---|---|---|---|---|---|---|---|---|---|---|---|---|---|---|---|---|---|---|
| 1 | 1 | 1 | 2 | 2 | 1 | 1 | 1 | 1 | 2 | 1 | 2 | 1 | 2 | 2 | 2 | 2 | 1 | 1 | 2 |
| 2 | 2 | 1 | 1 | 2 | 2 | 1 | 1 | 1 | 1 | 2 | 1 | 2 | 1 | 2 | 2 | 2 | 2 | 1 | 1 |
| 3 | 1 | 2 | 1 | 1 | 2 | 2 | 1 | 1 | 1 | 1 | 2 | 1 | 2 | 1 | 2 | 2 | 2 | 2 | 1 |
| 4 | 1 | 1 | 2 | 1 | 1 | 2 | 2 | 1 | 1 | 1 | 1 | 2 | 1 | 2 | 1 | 2 | 2 | 2 | 2 |
| 5 | 2 | 1 | 1 | 2 | 1 | 1 | 2 | 2 | 1 | 1 | 1 | 1 | 2 | 1 | 2 | 1 | 2 | 2 | 2 |
| 6 | 2 | 2 | 1 | 1 | 2 | 1 | 1 | 2 | 2 | 1 | 1 | 1 | 1 | 2 | 1 | 2 | 1 | 2 | 2 |
| 7 | 2 | 2 | 2 | 1 | 1 | 2 | 1 | 1 | 2 | 2 | 1 | 1 | 1 | 1 | 2 | 1 | 2 | 1 | 2 |
| 8 | 2 | 2 | 2 | 2 | 1 | 1 | 2 | 1 | 1 | 2 | 2 | 1 | 1 | 1 | 1 | 2 | 1 | 2 | 1 |
| 9 | 1 | 2 | 2 | 2 | 2 | 1 | 1 | 2 | 1 | 1 | 2 | 2 | 1 | 1 | 1 | 1 | 2 | 1 | 2 |
| 10 | 2 | 1 | 2 | 2 | 2 | 2 | 1 | 1 | 2 | 1 | 1 | 2 | 2 | 1 | 1 | 1 | 1 | 2 | 1 |
| 11 | 1 | 2 | 1 | 2 | 2 | 2 | 2 | 1 | 1 | 2 | 1 | 1 | 2 | 2 | 1 | 1 | 1 | 1 | 2 |
| 12 | 2 | 1 | 2 | 1 | 2 | 2 | 2 | 2 | 1 | 1 | 2 | 1 | 1 | 2 | 2 | 1 | 1 | 1 | 1 |
| 13 | 1 | 2 | 1 | 2 | 1 | 2 | 2 | 2 | 2 | 1 | 1 | 2 | 1 | 1 | 2 | 2 | 1 | 1 | 1 |
| 14 | 1 | 1 | 2 | 1 | 2 | 1 | 2 | 2 | 2 | 2 | 1 | 1 | 2 | 1 | 1 | 2 | 2 | 1 | 1 |
| 15 | 1 | 1 | 1 | 2 | 1 | 2 | 1 | 2 | 2 | 2 | 2 | 1 | 1 | 2 | 1 | 1 | 2 | 2 | 1 |
| 16 | 1 | 1 | 1 | 1 | 2 | 1 | 2 | 1 | 2 | 2 | 2 | 2 | 1 | 1 | 2 | 1 | 1 | 2 | 2 |
| 17 | 2 | 1 | 1 | 1 | 1 | 2 | 1 | 2 | 1 | 2 | 2 | 2 | 2 | 1 | 1 | 2 | 1 | 1 | 2 |
| 18 | 2 | 2 | 1 | 1 | 1 | 1 | 2 | 1 | 2 | 1 | 2 | 2 | 2 | 2 | 1 | 1 | 2 | 1 | 1 |
| 19 | 1 | 2 | 2 | 1 | 1 | 1 | 1 | 2 | 1 | 2 | 1 | 2 | 2 | 2 | 2 | 1 | 1 | 2 | 1 |
| 20 | 2 | 2 | 2 | 2 | 2 | 2 | 2 | 2 | 2 | 2 | 2 | 2 | 2 | 2 | 2 | 2 | 2 | 2 | 2 |

列間の交互作用が他の列と部分的に交絡して現れる計画を**ノンレギュラー計画** (nonregular design) と呼ぶ．これらの計画に含まれる列は互いに直交しているので，主効果どうしは別名関係になく，主効果と 2 因子交互作用が部分的に交絡しているという意味で，レゾリューション III の計画である．実験に基づく研究の初期段階で，効果の大枠を探るため交互作用を考えないような場合には，列数が多く，多数の因子が割り付けられ，さらに交互作用がありその悪影響がある場合に，それらが分散して現れるので効果的である．

これらの $N = 12, 20$ に加え，$24, 36, 44$ の計画を構成するための行ベクトルをまとめたものを表 1.21 に示す．これに基づく計画の構成手順は次のとおりである．

表 1.21 プラケット・バーマン計画の生成子

| $N$ | 生成子 | | | | | | | | |
|---|---|---|---|---|---|---|---|---|---|
| 12 | 11211 | 12221 | 2 | | | | | | |
| 20 | 11221 | 11121 | 21222 | 2112 | | | | | |
| 24 | 11111 | 21211 | 22112 | 21212 | 222 | | | | |
| 36 | 21211 | 12221 | 11112 | 11122 | 12222 | 12121 | 12212 | | |
| 44 | 11221 | 21221 | 11211 | 11122 | 21211 | 12222 | 21222 | 11212 | 112 |

1. 実験回数 $N$ を選ぶ.
2. 表 1.21 のベクトルを計画の第 1 行とする.
3. 計画の第 2 行は, 第 1 行の要素を 1 つ後ろにずらしたものとする. 具体的には, 第 1 行の第 $N-1$ 列要素を第 2 行の第 1 列要素とし, 第 1 行の第 1 列, 第 2 列以降の要素を, 順次, 第 2 行の第 2 列, 第 3 列以降の要素にする.
4. 計画の第 3 行は, 第 2 行の要素を 1 つ後ろにずらしたものとする. 具体的には, 第 2 行の第 $N-1$ 列要素を第 3 行の第 1 列要素とし, 第 2 行の第 1 列, 第 2 列以降の要素を, 順次, 第 3 行の第 2 列, 第 3 列以降の要素にする.
5. 上記を繰返し, 計画の第 $N-1$ 行までを生成する.
6. 第 $N$ 行の要素はすべて 2 とする.

なおこの手順に基づいて, 表 1.19, 表 1.20 の計画を構成している.

### 1.5.2 混合水準直交表

実際の現場では, 2 水準因子と 3 水準因子が混在している場合がある. この場合に効果を発揮するのは表 1.22 に示す $L_{18}\left(2^1 3^7\right)$ などの混合水準の直交表である. この直交表についても, プラケット・バーマン計画と同様に, 2 列間の交互作用はいくつかの例外があるものの他の列にほぼ均等に現れる. このように交互作用が分散して現れること, 3 水準の列が確保されていることなどの性質がある. その理論面, 応用面の詳細は, 宮川 (2000) にある.

**表 1.22** $L_{18}\,(2^1 3^7)$ 直交表

| No. | [1] | [2] | [3] | [4] | [5] | [6] | [7] | [8] |
|---|---|---|---|---|---|---|---|---|
| 1 | 1 | 1 | 1 | 1 | 1 | 1 | 1 | 1 |
| 2 | 1 | 1 | 2 | 2 | 2 | 2 | 2 | 2 |
| 3 | 1 | 1 | 3 | 3 | 3 | 3 | 3 | 3 |
| 4 | 1 | 2 | 1 | 1 | 2 | 2 | 3 | 3 |
| 5 | 1 | 2 | 2 | 2 | 3 | 3 | 1 | 1 |
| 6 | 1 | 2 | 3 | 3 | 1 | 1 | 2 | 2 |
| 7 | 1 | 3 | 1 | 2 | 1 | 3 | 2 | 3 |
| 8 | 1 | 3 | 2 | 3 | 2 | 1 | 3 | 1 |
| 9 | 1 | 3 | 3 | 1 | 3 | 2 | 1 | 2 |
| 10 | 2 | 1 | 1 | 3 | 3 | 2 | 2 | 1 |
| 11 | 2 | 1 | 2 | 1 | 1 | 3 | 3 | 2 |
| 12 | 2 | 1 | 3 | 2 | 2 | 1 | 1 | 3 |
| 13 | 2 | 2 | 1 | 2 | 3 | 1 | 3 | 2 |
| 14 | 2 | 2 | 2 | 3 | 1 | 2 | 1 | 3 |
| 15 | 2 | 2 | 3 | 1 | 2 | 3 | 2 | 1 |
| 16 | 2 | 3 | 1 | 3 | 2 | 3 | 1 | 2 |
| 17 | 2 | 3 | 2 | 1 | 3 | 1 | 2 | 3 |
| 18 | 2 | 3 | 3 | 2 | 1 | 2 | 3 | 1 |

# 第 2 章

# 過飽和実験計画の概要と評価基準

## 2.1　過飽和実験計画とは

### 2.1.1　2 水準のモデルと計画の概要

本章以降では，因子名を $A, B, \ldots$ の代わりに $x_1, x_2, \ldots$ で表現する．また，2 水準の計画の場合には水準を $1, 2$ の代わりに $-1, 1$ で表現する．これらの記法の導入は，前章までは単純な場合を取り上げて直感的なわかりやすさを考慮していたのに対し，本章以降では数理的な見通しに重きをおくためである．

応答変数を $y$ とし，その $N$ 個の測定値からなる応答変数ベクトル $\boldsymbol{y} = (y_1, \ldots, y_N)^\top$ について，

$$\boldsymbol{y} = \mu\mathbf{1} + \boldsymbol{X}\boldsymbol{\beta} + \boldsymbol{\varepsilon}$$

なるモデルを考える．ただし，$\mathbf{1}$ は要素がすべて 1 の $(N \times 1)$ ベクトル，$\mu$ は一般平均，$\boldsymbol{\beta}$ は因子 $x_1, \ldots, x_p$ の効果 $\beta_1, \ldots, \beta_p$ からなる $(p \times 1)$ ベクトル，$\boldsymbol{\varepsilon}$ は $(N \times 1)$ 誤差ベクトルである．また，$\boldsymbol{X}$ は因子 $x_1, \ldots, x_p$ の水準からなる $(N \times p)$ 行列であり，因子 $x_i$ の水準からなる $(N \times 1)$ ベクトルを $\boldsymbol{x}_i$ とすると $\boldsymbol{X} = (\boldsymbol{x}_1, \ldots, \boldsymbol{x}_p)$ である．

効果ベクトル $\boldsymbol{\beta}$ の最小 2 乗推定量 $\widehat{\boldsymbol{\beta}}$ は，正規方程式

$$\boldsymbol{X}^{*\top}\boldsymbol{X}^{*}\widehat{\boldsymbol{\beta}}^{*} = \boldsymbol{X}^{*\top}\boldsymbol{y}$$

の解で与えられる．ただし，$\boldsymbol{X}^* = (\mathbf{1}, \boldsymbol{X})$，$\boldsymbol{\beta}^* = \left(\mu, \boldsymbol{\beta}^\top\right)^\top$，$\widehat{\boldsymbol{\beta}}^* = \left(\widehat{\mu}, \widehat{\boldsymbol{\beta}}^\top\right)^\top$ である．

前章で論じたとおり，直交表や定義関係を用いて構成した一部実施要因計画の場合には，計画行列 $\boldsymbol{X}$ において各列に $-1, 1$ が同数回含まれ，それぞれの列が直交するので，$\boldsymbol{X}^\top \boldsymbol{X}$ が $(N \times N)$ の単位行列 $\boldsymbol{I}_N$ の $N$ 倍に等しい．したがって，正規方程式の解である最小 2 乗推定量は

$$\widehat{\mu} = \frac{1}{N}\boldsymbol{y}^\top \mathbf{1} = \overline{y}, \quad \widehat{\boldsymbol{\beta}} = \left(\boldsymbol{X}^\top \boldsymbol{X}\right)^{-1} \boldsymbol{X}^\top \boldsymbol{y} = \frac{1}{N}\boldsymbol{X}^\top \boldsymbol{y}$$

となる．これは，前章で示した水準ごとの平均の差をもとに因子の主効果を推定することに対応する．加えて，水準が $-1, 1$ なので，$\boldsymbol{x}_i$ と $\boldsymbol{x}_j$ の交互作用列は要素ごとの積であるアダマール積 $\boldsymbol{x}_i \odot \boldsymbol{x}_j$ で表現できる．例えば，

$$\boldsymbol{x}_1 = \begin{pmatrix} -1 \\ -1 \\ 1 \\ 1 \end{pmatrix}, \quad \boldsymbol{x}_2 = \begin{pmatrix} -1 \\ 1 \\ -1 \\ 1 \end{pmatrix}$$

とすると，これらのアダマール積はそれぞれの行ごとに要素どうしの積を求めるので，

$$\boldsymbol{x}_1 \odot \boldsymbol{x}_2 = \begin{pmatrix} 1 \\ -1 \\ -1 \\ 1 \end{pmatrix}$$

となる．これは，表 1.6 に示す元の 2 因子と交互作用の水準に対応することがわかる．

**過飽和実験計画** (supersaturated design) とは，一部実施要因計画の 1 つで，実験で推定しようとする母数の数が実験回数よりも大きな計画である．例えば $p$ 個の 2 水準因子を取り上げるときには，これらの $p$ 個の効果と，一般平均 $\mu$ という $p+1$ 個の母数が対象になる．これらの全母数の推定には，実験回数 $N$ が $p+1$ と等しいかそれよりも大きい必要がある．実験回数と推定する母数の数について，$N = p+1$ のとき飽和実験計画，

$N < p + 1$ のとき過飽和実験計画と呼ぶ．この計画は，効果の推定の前段階として，多数の因子の中から少数の重要な因子を選別するために用いるのがよいとされる．

要素が $-1$ または 1 からなる $N \times 1$ ベクトルを $\boldsymbol{x}_i$ とするとき，$(N \times p)$ 行列

$$\boldsymbol{X} = (\boldsymbol{x}_1, \boldsymbol{x}_2, \ldots, \boldsymbol{x}_p)$$

について，$N < p + 1$ の場合には 2 水準過飽和実験計画と呼ぶ．また，計画の**飽和度** $v$ を

$$v = \frac{p}{N - 1} \tag{2.1}$$

で定義する．$N$ 回の実験では，一般平均 $\mu$ に加え，最大で $N - 1$ 個の効果の推定が可能である．実際に割り付ける因子数を $p$ とし，その最大限の数に対する比率により飽和度を定義している．

本書では，主にそれぞれの列に対して $-1, 1$ が同数回含まれ，一般平均 $\mu$ の推定に関する列と効果の列が直交する場合を考えているので，式 (2.1) を用いる．一方，それぞれの列に $-1, 1$ が同数回含まれるという制約を外すと，一般平均 $\mu$ に関する列と効果の列が必ずしも直交しない．そこで，推定する母数に一般平均を含め，$N$ 回の実験で最大 $N$ 個の母数の推定が可能と捉え，飽和度を $(p + 1)/N$ で定義する考え方もある．

飽和度について $v \leq 1$ のとき，計画行列 $\boldsymbol{X}$ を適切に選べば，最小 2 乗法による効果の同時推定ができるのに対し，$v > 1$ のときには同時推定ができない．そのため，これとは異なる解析方法が必要になる．このデータ解析については，第 4 章で論じる．

### 2.1.2　過飽和実験計画の発展

過飽和実験計画は，Satterthwaite (1959) によって基本的な考え方が提示され，Booth and Cox (1962) によって系統的な構成方法が提示されている．その後，日本では過飽和実験計画を**確率対応法**や**殆**（たい）**直交表**として田口 (1977) が提示している．確率対応法とは，直交計画とその行をランダ

ムに入れ替えた計画を組み合わせ，多数の因子の主効果，交互作用の推定を試みる方法である．

さらに，行のランダムな入れ替えの代わりに，直交に近い性質が全体的に成り立つ入れ替えを求め，殆直交表としてまとめたものが表 2.1 である．これには，全部で 22 の 3 水準列が含まれている．表 2.1 について，直交計画 $L_{27}\left(3^{13}\right)$ の一部と，その行を入れ替えた計画を組み合わせて構成している．なお，この行の入れ替えの詳細は明示されていない．このような直交計画とその行を入れ替えた直交計画を組み合わせて構成している点は，後に述べるようにある側面で正当性のある方法である．

この後，Lin (1993) が示した 2 水準過飽和実験計画とその構成方法が，過飽和実験計画に関する研究のきっかけとなっている．時系列的にはこのような順序であるが，海外の文献では田口 (1977) はほとんど引用されておらず，独立に開発されている．

表 2.2 に Lin (1993) による $N = 6$ の 2 水準過飽和実験計画を，また表 2.3 に $N = 12$ の 2 水準過飽和実験計画を示す．この構成方法は，$(N \times N)$ のアダマール行列から求める実験回数 $N$，列数 $N-1$ のプラケット・バーマン計画を活用する．プラケット・バーマン計画の任意の 1 列を選び，その列の要素が $-1$ あるいは 1 の行のみを抜き出し，これを実験回数 $N/2$，列数 $N-1$ の過飽和実験計画として用いる．このように単純であり，かつ，後述するとおりいくつかの意味での正当性をもつ．

この提案の後，過飽和実験計画の構成方法，データ解析法などの方面での研究が行われている．さらに，2 水準の過飽和実験計画のみならず，3 水準，混合水準過飽和実験計画が提案されている．過飽和実験計画の評価基準，構成，データ解析などに関するさまざまな研究がある．この発展に関するレビュー論文として Gupta and Kohli (2008)，Georgiou (2014) がある．本書では，初期段階の研究についての理論，発展を中心に解説する．

**表 2.1** 実験回数 $N = 27$，列数 $p = 22$ の殆直交表（田口, 1977）

| No. | [1] | [2] | [3] | [4] | [5] | [6] | [7] | [8] | [9] | [10] | [11] | [12] | [13] | [14] | [15] | [16] | [17] | [18] | [19] | [20] | [21] | [22] |
|---|---|---|---|---|---|---|---|---|---|---|---|---|---|---|---|---|---|---|---|---|---|---|
| 1 | 1 | 1 | 1 | 1 | 1 | 1 | 1 | 1 | 1 | 1 | 1 | 1 | 1 | 3 | 3 | 3 | 2 | 2 | 2 | 1 | 1 | 1 |
| 2 | 1 | 1 | 1 | 1 | 2 | 2 | 2 | 2 | 2 | 2 | 2 | 2 | 2 | 3 | 3 | 3 | 3 | 3 | 3 | 2 | 2 | 2 |
| 3 | 1 | 1 | 1 | 1 | 3 | 3 | 3 | 3 | 3 | 3 | 3 | 3 | 3 | 1 | 1 | 1 | 2 | 2 | 2 | 2 | 2 | 2 |
| 4 | 1 | 2 | 2 | 2 | 1 | 1 | 1 | 2 | 2 | 2 | 3 | 3 | 3 | 2 | 2 | 2 | 3 | 3 | 3 | 1 | 1 | 1 |
| 5 | 1 | 2 | 2 | 2 | 2 | 2 | 2 | 3 | 3 | 3 | 1 | 1 | 1 | 1 | 1 | 1 | 3 | 3 | 3 | 3 | 3 | 3 |
| 6 | 1 | 2 | 2 | 2 | 3 | 3 | 3 | 1 | 1 | 1 | 2 | 2 | 2 | 1 | 1 | 1 | 1 | 1 | 1 | 1 | 1 | 1 |
| 7 | 1 | 3 | 3 | 3 | 1 | 1 | 1 | 3 | 3 | 3 | 2 | 2 | 2 | 2 | 2 | 2 | 2 | 2 | 2 | 3 | 3 | 3 |
| 8 | 1 | 3 | 3 | 3 | 2 | 2 | 2 | 1 | 1 | 1 | 3 | 3 | 3 | 3 | 3 | 3 | 1 | 1 | 1 | 3 | 3 | 3 |
| 9 | 1 | 3 | 3 | 3 | 3 | 3 | 3 | 2 | 2 | 2 | 1 | 1 | 1 | 2 | 2 | 2 | 1 | 1 | 1 | 2 | 2 | 2 |
| 10 | 2 | 1 | 2 | 3 | 1 | 2 | 3 | 1 | 2 | 3 | 1 | 2 | 3 | 1 | 2 | 3 | 3 | 1 | 2 | 3 | 1 | 2 |
| 11 | 2 | 1 | 2 | 3 | 2 | 3 | 1 | 2 | 3 | 1 | 2 | 3 | 1 | 3 | 1 | 2 | 3 | 1 | 2 | 2 | 3 | 1 |
| 12 | 2 | 1 | 2 | 3 | 3 | 1 | 2 | 3 | 1 | 2 | 3 | 1 | 2 | 3 | 1 | 2 | 1 | 2 | 3 | 3 | 1 | 2 |
| 13 | 2 | 2 | 3 | 1 | 1 | 2 | 3 | 2 | 3 | 1 | 3 | 1 | 2 | 1 | 2 | 3 | 2 | 3 | 1 | 2 | 3 | 1 |
| 14 | 2 | 2 | 3 | 1 | 2 | 3 | 1 | 3 | 1 | 2 | 1 | 2 | 3 | 2 | 3 | 1 | 1 | 2 | 3 | 2 | 3 | 1 |
| 15 | 2 | 2 | 3 | 1 | 3 | 1 | 2 | 1 | 2 | 3 | 2 | 3 | 1 | 1 | 2 | 3 | 1 | 2 | 3 | 1 | 2 | 3 |
| 16 | 2 | 3 | 1 | 2 | 1 | 2 | 3 | 3 | 1 | 2 | 2 | 3 | 1 | 2 | 3 | 1 | 2 | 3 | 1 | 3 | 1 | 2 |
| 17 | 2 | 3 | 1 | 2 | 2 | 3 | 1 | 1 | 2 | 3 | 3 | 1 | 2 | 2 | 3 | 1 | 3 | 1 | 2 | 1 | 2 | 3 |
| 18 | 2 | 3 | 1 | 2 | 3 | 1 | 2 | 2 | 3 | 1 | 1 | 2 | 3 | 3 | 1 | 2 | 2 | 3 | 1 | 1 | 2 | 3 |
| 19 | 3 | 1 | 3 | 2 | 1 | 3 | 2 | 1 | 3 | 2 | 1 | 3 | 2 | 2 | 1 | 3 | 1 | 3 | 2 | 2 | 1 | 3 |
| 20 | 3 | 1 | 3 | 2 | 2 | 1 | 3 | 2 | 1 | 3 | 2 | 1 | 3 | 3 | 2 | 1 | 3 | 2 | 1 | 2 | 1 | 3 |
| 21 | 3 | 1 | 3 | 2 | 3 | 2 | 1 | 3 | 2 | 1 | 3 | 2 | 1 | 2 | 1 | 3 | 3 | 2 | 1 | 1 | 3 | 2 |
| 22 | 3 | 2 | 1 | 3 | 1 | 3 | 2 | 2 | 1 | 3 | 3 | 2 | 1 | 3 | 2 | 1 | 1 | 3 | 2 | 3 | 2 | 1 |
| 23 | 3 | 2 | 1 | 3 | 2 | 1 | 3 | 3 | 2 | 1 | 1 | 3 | 2 | 3 | 2 | 1 | 2 | 1 | 3 | 1 | 3 | 2 |
| 24 | 3 | 2 | 1 | 3 | 3 | 2 | 1 | 1 | 3 | 2 | 2 | 1 | 3 | 1 | 3 | 2 | 1 | 3 | 2 | 1 | 3 | 2 |
| 25 | 3 | 3 | 2 | 1 | 1 | 3 | 2 | 3 | 2 | 1 | 2 | 1 | 3 | 2 | 1 | 3 | 2 | 1 | 3 | 3 | 2 | 1 |
| 26 | 3 | 3 | 2 | 1 | 2 | 1 | 3 | 1 | 3 | 2 | 3 | 2 | 1 | 1 | 3 | 2 | 2 | 1 | 3 | 2 | 1 | 3 |
| 27 | 3 | 3 | 2 | 1 | 3 | 2 | 1 | 2 | 1 | 3 | 1 | 3 | 2 | 1 | 3 | 2 | 3 | 2 | 1 | 3 | 2 | 1 |

## 2.2 2水準過飽和実験計画の評価尺度

### 2.2.1 列間の直交性の評価

過飽和実験計画の場合には，列数が行数よりも等しいか多くなるために，すべての列間での直交性を確保できない．一方で，因子の効果をより精密に推定する立場からは，列間に直交に近い性質が成り立つことが

**表 2.2**　実験回数 6 の 2 水準過飽和実験計画の例

| No. | [1] | [2] | [3] | [4] | [5] | [6] | [7] | [8] | [9] | [10] |
|---|---|---|---|---|---|---|---|---|---|---|
| 1 | 1 | 1 | −1 | 1 | 1 | 1 | −1 | −1 | −1 | 1 |
| 2 | 1 | −1 | 1 | 1 | −1 | 1 | 1 | 1 | −1 | −1 |
| 3 | −1 | 1 | −1 | 1 | 1 | −1 | 1 | 1 | 1 | −1 |
| 4 | −1 | −1 | 1 | −1 | 1 | 1 | −1 | 1 | 1 | 1 |
| 5 | 1 | 1 | 1 | −1 | −1 | −1 | 1 | −1 | 1 | 1 |
| 6 | −1 | −1 | −1 | −1 | −1 | −1 | −1 | −1 | −1 | −1 |

**表 2.3**　実験回数 12 の 2 水準過飽和実験計画の例

| No. | [1] | [2] | [3] | [4] | [5] | [6] | [7] | [8] | [9] | [10] | [11] | [12] | [13] | [14] | [15] | [16] | [17] | [18] | [19] | [20] | [21] | [22] |
|---|---|---|---|---|---|---|---|---|---|---|---|---|---|---|---|---|---|---|---|---|---|---|
| 1 | 1 | 1 | 1 | 1 | 1 | 1 | 1 | 1 | 1 | 1 | 1 | 1 | 1 | 1 | 1 | 1 | 1 | 1 | 1 | 1 | 1 | 1 |
| 2 | −1 | −1 | −1 | −1 | −1 | 1 | 1 | 1 | 1 | −1 | 1 | −1 | 1 | 1 | −1 | −1 | 1 | 1 | −1 | −1 | 1 | −1 |
| 3 | −1 | 1 | −1 | −1 | −1 | −1 | −1 | 1 | 1 | 1 | 1 | −1 | 1 | −1 | 1 | 1 | −1 | −1 | 1 | 1 | −1 | −1 |
| 4 | −1 | −1 | 1 | −1 | 1 | −1 | −1 | −1 | −1 | −1 | 1 | 1 | 1 | 1 | −1 | 1 | −1 | 1 | 1 | −1 | −1 | 1 |
| 5 | 1 | −1 | −1 | 1 | −1 | 1 | −1 | −1 | −1 | −1 | −1 | 1 | 1 | 1 | 1 | −1 | 1 | −1 | 1 | 1 | −1 | −1 |
| 6 | −1 | −1 | 1 | 1 | −1 | −1 | 1 | −1 | 1 | −1 | −1 | −1 | −1 | −1 | 1 | 1 | 1 | 1 | −1 | 1 | −1 | 1 |
| 7 | 1 | −1 | −1 | 1 | 1 | −1 | −1 | 1 | −1 | 1 | −1 | −1 | −1 | −1 | −1 | 1 | 1 | 1 | 1 | −1 | 1 | −1 |
| 8 | −1 | 1 | 1 | −1 | −1 | 1 | 1 | −1 | −1 | 1 | −1 | 1 | −1 | −1 | −1 | −1 | −1 | 1 | 1 | 1 | 1 | −1 |
| 9 | −1 | 1 | −1 | 1 | 1 | −1 | −1 | 1 | 1 | −1 | −1 | 1 | −1 | 1 | −1 | −1 | −1 | −1 | −1 | 1 | 1 | 1 |
| 10 | 1 | −1 | 1 | −1 | 1 | 1 | −1 | −1 | 1 | 1 | −1 | −1 | 1 | −1 | 1 | −1 | −1 | −1 | −1 | −1 | 1 | 1 |
| 11 | 1 | 1 | −1 | 1 | −1 | 1 | 1 | −1 | −1 | 1 | 1 | −1 | −1 | 1 | −1 | 1 | −1 | −1 | −1 | −1 | −1 | 1 |
| 12 | 1 | 1 | 1 | −1 | 1 | −1 | 1 | 1 | −1 | −1 | 1 | 1 | −1 | −1 | 1 | −1 | 1 | −1 | −1 | −1 | −1 | −1 |

好ましい．そこでまず，列間にどの程度直交性が成り立っているのかの評価尺度が導入されている．水準値が $-1$ または 1 からなる 2 つの列について，内積の 2 乗値を列間の直交性の評価尺度とする．すなわち，計画 $\boldsymbol{X} = (\boldsymbol{x}_1, \ldots, \boldsymbol{x}_p)$ とするとき，$\boldsymbol{x}_i$ と $\boldsymbol{x}_j$ の内積

$$s_{ij} = \boldsymbol{x}_i^\top \boldsymbol{x}_j$$

を求める．符号の影響を取り除く，2 乗値の加算の意味がわかりやすいなどの理由により，2 乗値 $s_{ij}^2$ とする．

因子 $\boldsymbol{x}_i$, $\boldsymbol{x}_j$ のそれぞれにおいて，$-1$ と 1 が $N/2$ ずつ含まれ，これらの 2 因子のみで

$$\widehat{\boldsymbol{\beta}}^* = \left((\mathbf{1}, \boldsymbol{x}_i, \boldsymbol{x}_j)^\top (\mathbf{1}, \boldsymbol{x}_i, \boldsymbol{x}_j)\right)^{-1} (\mathbf{1}, \boldsymbol{x}_i, \boldsymbol{x}_j)^\top \boldsymbol{y}$$

で効果の推定を考えたときに，

$$V\left(\widehat{\boldsymbol{\beta}}^*\right) = \left((\mathbf{1}, \boldsymbol{x}_i, \boldsymbol{x}_j)^\top (\mathbf{1}, \boldsymbol{x}_i, \boldsymbol{x}_j)\right)^{-1} \sigma^2$$

である．これを展開すると，

$$\left((\mathbf{1}, \boldsymbol{x}_i, \boldsymbol{x}_j)^\top (\mathbf{1}, \boldsymbol{x}_i, \boldsymbol{x}_j)\right)^{-1} = \begin{pmatrix} N & 0 & 0 \\ 0 & N & s_{ij} \\ 0 & s_{ij} & N \end{pmatrix}^{-1}$$

$$= \begin{pmatrix} \frac{1}{N} & 0 & 0 \\ 0 & \frac{N}{N^2 - s_{ij}^2} & \frac{-s_{ij}}{N^2 - s_{ij}^2} \\ 0 & \frac{-s_{ij}}{N^2 - s_{ij}^2} & \frac{N}{N^2 - s_{ij}^2} \end{pmatrix}$$

となる．列間が直交する，すなわち，$s_{ij} = 0$ のとき，$V\left(\widehat{\beta}_1\right), V\left(\widehat{\beta}_2\right)$ が小さく，また $cov\left(\widehat{\beta}_1, \widehat{\beta}_2\right) = 0$ となるなど，推定の精度がよくなる．

表 2.2 に示す $6 \times 10$ の計画を $\boldsymbol{X} = (\boldsymbol{x}_1, \ldots, \boldsymbol{x}_{10})$ とすると，内積 $s_{ij} = \boldsymbol{x}_i^\top \boldsymbol{x}_j$ を構成要素とする $10 \times 10$ の行列は

$$\boldsymbol{X}^\top \boldsymbol{X} = \begin{pmatrix} 6 & 2 & 2 & 2 & -2 & 2 & 2 & -2 & -2 & 2 \\ 2 & 6 & -2 & 2 & 2 & -2 & 2 & -2 & 2 & 2 \\ 2 & -2 & 6 & -2 & -2 & 2 & 2 & 2 & 2 & 2 \\ 2 & 2 & -2 & 6 & 2 & 2 & 2 & 2 & -2 & -2 \\ -2 & 2 & -2 & 2 & 6 & 2 & -2 & 2 & 2 & 2 \\ 2 & -2 & 2 & 2 & 2 & 6 & -2 & 2 & -2 & 2 \\ 2 & 2 & 2 & 2 & -2 & -2 & 6 & 2 & 2 & -2 \\ -2 & -2 & 2 & 2 & 2 & 2 & 2 & 6 & 2 & -2 \\ -2 & 2 & 2 & -2 & 2 & -2 & 2 & 2 & 6 & 2 \\ 2 & 2 & 2 & -2 & 2 & 2 & -2 & -2 & 2 & 6 \end{pmatrix}$$

となる．

表 2.2 の過飽和実験計画の場合，すべての列において $-1$ と $1$ が 3 回ずつ出現している．それぞれの列で $-1, 1$ が 3 回ずつ出現することは，一般平均の推定と，それぞれの列に割り付けられた因子の効果の推定との直交性を保証する．それぞれの列において $-1$ と $1$ が 3 回ずつ出現するという条件の下で，2 列間の内積のとりうる値は $s_{ij} = \pm 2$, $s_{ij} = \pm 6$ である．こ

のうち，$s_{ij}=2$, $s_{ij}=-2$ となるのは，$\boldsymbol{x}_i$, $\boldsymbol{x}_j$ について２元表で出現度数をまとめると，

| $\boldsymbol{x}_i \backslash \boldsymbol{x}_j$ | $-1$ | $1$ | 計 |
|---|---|---|---|
| $-1$ | 2 | 1 | 3 |
| $1$ | 1 | 2 | 3 |
| 計 | 3 | 3 | 6 |

| $\boldsymbol{x}_i \backslash \boldsymbol{x}_j$ | $-1$ | $1$ | 計 |
|---|---|---|---|
| $-1$ | 1 | 2 | 3 |
| $1$ | 2 | 1 | 3 |
| 計 | 3 | 3 | 6 |

の場合である．また $s_{ij}=\pm 6$ となるのは

| $\boldsymbol{x}_i \backslash \boldsymbol{x}_j$ | $-1$ | $1$ | 計 |
|---|---|---|---|
| $-1$ | 3 | 0 | 3 |
| $1$ | 0 | 3 | 3 |
| 計 | 3 | 3 | 6 |

| $\boldsymbol{x}_i \backslash \boldsymbol{x}_j$ | $-1$ | $1$ | 計 |
|---|---|---|---|
| $-1$ | 0 | 3 | 3 |
| $1$ | 3 | 0 | 3 |
| 計 | 3 | 3 | 6 |

であり，２列に割り付けた因子の効果が完全に交絡するため，実験計画として不適切である．前述の計画では，このような関係の列は含まれていない．なお，それぞれの列において $-1$ と $1$ を入れ替えたとしても実験計画として変わらないことから，内積 $s_{ij}$ の正負は意味を持たない．そこで内積を２乗し $s_{ij}^2$ として，その平均値を求めると

$$\frac{\sum_{1\leq i<j\leq 10} s_{ij}^2}{10\times 9/2}=\frac{2^2\times 45}{45}=2^2$$

となる．この計画は，それぞれの列に $-1, 1$ が３回ずつ現れる $6\times 10$ の過飽和実験計画の中で，最も小さい $s_{ij}^2$ の平均値をもつ．この点は，次節で詳述する．

同様に，表 2.3 に示す $12\times 22$ の過飽和実験計画 $\boldsymbol{X}$ について，列の内積を要素とする行列 $\boldsymbol{X}^\top \boldsymbol{X}$ は，次のとおりとなる．

$$
\begin{pmatrix}
12 & 0 & 0 & 4 & 4 & 4 & 0 & 0 & -4 & 4 & 0 & 0 & 0 & 0 & 4 & 0 & 4 & -4 & 0 & -4 & 0 & 0 \\
0 & 12 & 0 & 0 & 0 & 0 & 4 & 4 & 0 & 4 & 4 & 4 & -4 & 0 & 0 & 0 & -4 & -4 & 0 & 4 & 0 & 0 \\
0 & 0 & 12 & -4 & 4 & 0 & 4 & -4 & 0 & 0 & 0 & 4 & 0 & -4 & 4 & 0 & 0 & 4 & 0 & 0 & 0 & 4 \\
4 & 0 & -4 & 12 & 0 & 0 & 0 & 0 & 0 & 0 & -4 & 0 & -4 & 4 & 0 & 4 & 4 & 0 & 0 & 4 & 0 & 4 \\
4 & 0 & 4 & 0 & 12 & -4 & -4 & 4 & 0 & 0 & 0 & 4 & 0 & 0 & 0 & 0 & 0 & 0 & 0 & -4 & 4 & 4 \\
4 & 0 & 0 & 0 & -4 & 12 & 4 & -4 & 0 & 4 & 0 & 0 & 4 & 4 & 0 & -4 & 0 & 0 & 0 & 0 & 4 & 0 \\
0 & 4 & 4 & 0 & -4 & 4 & 12 & 0 & 0 & 0 & 4 & 0 & -4 & 0 & 0 & 0 & 4 & 4 & -4 & 0 & 0 & 0 \\
0 & 4 & -4 & 0 & 4 & -4 & 0 & 12 & 4 & 0 & 4 & 0 & 0 & 0 & 0 & 0 & 4 & 0 & 0 & 0 & 4 & -4 \\
-4 & 0 & 0 & 0 & 0 & 0 & 0 & 4 & 12 & 0 & 0 & -4 & 4 & 0 & 4 & 0 & 0 & 0 & -4 & 4 & 4 & 4 \\
4 & 4 & 0 & 0 & 0 & 4 & 0 & 0 & 0 & 12 & 0 & -4 & 0 & -4 & 0 & 4 & -4 & 0 & 4 & 0 & 4 & 0 \\
0 & 4 & 0 & -4 & 0 & 0 & 4 & 4 & 0 & 0 & 12 & 0 & 4 & 4 & 0 & 4 & 0 & 0 & 0 & -4 & -4 & 0 \\
0 & 4 & 4 & 0 & 4 & 0 & 0 & 0 & -4 & -4 & 0 & 12 & 0 & 4 & 0 & -4 & 0 & 0 & 4 & 4 & 0 & 0 \\
0 & -4 & 0 & -4 & 0 & 4 & -4 & 0 & 4 & 0 & 4 & 0 & 12 & 4 & 4 & 0 & 0 & 0 & 4 & 0 & 0 & 0 \\
0 & 0 & -4 & 4 & 0 & 4 & 0 & 0 & 0 & -4 & 4 & 4 & 4 & 12 & -4 & 0 & 0 & 0 & 0 & 0 & 0 & 4 \\
4 & 0 & 4 & 0 & 0 & 0 & 0 & 0 & 4 & 0 & 0 & 0 & 4 & -4 & 12 & 0 & 4 & -4 & 0 & 4 & -4 & 0 \\
0 & 0 & 0 & 4 & 0 & -4 & 0 & 0 & 0 & 4 & 4 & -4 & 0 & 0 & 0 & 12 & 0 & 4 & 4 & 0 & -4 & 4 \\
4 & -4 & 0 & 4 & 0 & 0 & 4 & 4 & 0 & -4 & 0 & 0 & 0 & 0 & 4 & 0 & 12 & 4 & 0 & 0 & 0 & -4 \\
-4 & -4 & 4 & 0 & 0 & 0 & 4 & 0 & 0 & 0 & 0 & 0 & 0 & 0 & -4 & 4 & 4 & 12 & 4 & 0 & 4 & 0 \\
0 & 0 & 0 & 0 & 0 & 0 & -4 & 0 & -4 & 4 & 0 & 4 & 4 & 0 & 0 & 4 & 0 & 4 & 12 & 4 & 0 & -4 \\
-4 & 4 & 0 & 4 & -4 & 0 & 0 & 0 & 4 & 0 & -4 & 4 & 0 & 0 & 4 & 0 & 0 & 0 & 4 & 12 & 0 & 0 \\
0 & 0 & 0 & 0 & 4 & 4 & 0 & 4 & 4 & 4 & -4 & 0 & 0 & 0 & -4 & -4 & 0 & 4 & 0 & 0 & 12 & 0 \\
0 & 0 & 4 & 4 & 4 & 0 & 0 & -4 & 4 & 0 & 0 & 0 & 0 & 4 & 0 & 4 & -4 & 0 & -4 & 0 & 0 & 12
\end{pmatrix}
$$

実験回数 $N = 12$ でそれぞれの列に $-1, 1$ が 6 ずつ含まれる計画の場合には，内積 $s_{ij}$ のとりうる値は，$\{0, \pm 4, \pm 8, \pm 12\}$ である．列間が直交，すなわち $s_{ij} = 0$ とは，

| $\boldsymbol{x}_i \backslash \boldsymbol{x}_j$ | $-1$ | $1$ | 計 |
|---|---|---|---|
| $-1$ | 3 | 3 | 6 |
| $1$ | 3 | 3 | 6 |
| 計 | 6 | 6 | 12 |

となるときであり，効果の推定において好ましい性質を保証する．また，$s_{ij} = \pm 4$ となるのは 2 元表で出現度数をまとめると

| $\boldsymbol{x}_i \backslash \boldsymbol{x}_j$ | $-1$ | $1$ | 計 |
|---|---|---|---|
| $-1$ | 4 | 2 | 6 |
| $1$ | 2 | 4 | 6 |
| 計 | 6 | 6 | 12 |

| $\boldsymbol{x}_i \backslash \boldsymbol{x}_j$ | $-1$ | $1$ | 計 |
|---|---|---|---|
| $-1$ | 2 | 4 | 6 |
| $1$ | 4 | 2 | 6 |
| 計 | 6 | 6 | 12 |

となるときである．さらに，$s_{ij}=8$，$s_{ij}=12$ を同様の2元表であらわすと

| $\boldsymbol{x}_i \backslash \boldsymbol{x}_j$ | $-1$ | $1$ | 計 |
|---|---|---|---|
| $-1$ | 1 | 5 | 6 |
| $1$ | 5 | 1 | 6 |
| 計 | 6 | 6 | 12 |

| $\boldsymbol{x}_i \backslash \boldsymbol{x}_j$ | $-1$ | $1$ | 計 |
|---|---|---|---|
| $-1$ | 6 | 0 | 6 |
| $1$ | 0 | 6 | 6 |
| 計 | 6 | 6 | 12 |

となる．このように，$s_{ij}=8$ では交絡が強くなり，$s_{ij}=12$ ではこれらの因子の主効果が完全に交絡する．過飽和実験計画を構成する際，$s_{ij}^2$ が全体的に小さくなることが好ましい．表2.3の計画の場合には，$s_{ij}$ は $(0,\pm 4)$ であり，全体的に直交に近い性質があることが確認できる．

この22列の計画において，2列の組合せは $22\times 21/2=231$ である．それらの内，132の組合せは $s_{ij}=0$ であり直交している．また，残りの99の組合せは $s_{ij}=4$, $s_{ij}=-4$ であり，$s_{ij}=\pm 8$ や $s_{ij}=\pm 12$ という列間の交絡が強い組合せは含まれていない．

加えて，$s_{ij}^2$ の平均値をみると

$$\frac{\sum_{1\le i<j\le 22} s_{ij}^2}{22\times 21/2}=\frac{4^2\times 99}{231}=6.857=2.619^2$$

である．過飽和実験計画なので，すべての列間を直交させることは不可能である．この計画の $s_{ij}^2$ の平均値は，直交である0とその次に小さな値である $4^2$ との間の値である．したがって，直感的には全体的にバランスが取れているとみなしうる計画となる．この $s_{ij}^2$ の平均値を，どこまで小さくできるかを示す下限が導かれている．詳細は，第2.3節で説明する．

過飽和実験計画の構成は，与えられた $N,p$ の下で $s_{ij}^2$ が全体的に0に近づくように，行列 $\boldsymbol{X}$ の要素を定める問題となる．次項以降では，この全体的に0に近づくという点を明確に定義し，その性質を論じる．

### 2.2.2　計画全体の直交性の評価

計画全体の直交性は，2つの列間の直交性をもとに評価する．直感的にわかりやすいのは，前項で用いた内積の2乗の平均値である．列 $\boldsymbol{x}_i$ と

$\boldsymbol{x}_j$ の内積 $s_{ij} = \boldsymbol{x}_i^\top \boldsymbol{x}_j$ をもとに，$s_{ij}^2$ のすべての $(i,j)$ の組合せでの平均値である

$$E\left(s^2\right) = \frac{1}{p\left(p-1\right)/2} \sum_{1 \le i < j \le p} s_{ij}^2 \tag{2.2}$$

を計画の評価基準として用いる．この基準を，過飽和実験計画を初期の段階で提案している Booth and Cox (1962) が用いている．この中では，ランダムサーチにより過飽和実験計画を構成するなどの理由から，期待値 $E\left(s^2\right)$ として略すことが多く，本書でもそれに準ずる．

後に詳細を説明するように，完全に交絡する 2 列が含まれていても $E\left(s^2\right)$ が最小な過飽和実験計画となるなど，式 (2.2) では直交性の評価が十分ではない場合がある．そこで，$s_{ij}^2$ の分布をもとにその最大値

$$\max_{1 \le i < j \le p} \left\{s_{ij}^2\right\}$$

も計画全体の評価基準として用いる．この基準が同じ値であっても多数の計画が存在しうるというように，この基準だけでも十分ではないため，この最大値となる列の組合せ数も用いる．このように，それぞれを単独の基準として応用することは必ずしも適切ではないので，組み合わせて用いる方が適切である．

式 (2.2) の $E\left(s^2\right)$ 基準は，過飽和実験計画の中から 2 列を取り上げる組合せのすべてを評価しているのに対し，Tang and Wu (1997) では 2 より多くの列数を取り上げる組合せのすべてにより過飽和実験計画全体を評価している．例えば $N \times p$ の過飽和実験計画から 3 列 $\boldsymbol{x}_i, \boldsymbol{x}_j, \boldsymbol{x}_k$ を取り出し，$N \times 3$ の計画

$$\boldsymbol{X}_{ijk} = \left(\boldsymbol{x}_i, \boldsymbol{x}_j, \boldsymbol{x}_k\right)$$

を構成し，その直交性を $\boldsymbol{X}_{ijk}^\top \boldsymbol{X}_{ijk}$ の行列式である

$$\det\left(\boldsymbol{X}_{ijk}^\top \boldsymbol{X}_{ijk}\right)$$

で評価する．この評価値を，すべての 3 列の組合せでの平均

$$\sum_{1 \leq i < j < k \leq p} \det\left(\boldsymbol{X}_{ijk}^{\top} \boldsymbol{X}_{ijk}\right) \Big/ \binom{p}{3}$$

について求め，これを計画全体の評価値としている．これを一般化し，$l$ 列を取り上げるすべての組合せ $\binom{p}{l}$ を考え，その行列式の平均値をもとに計画を評価している．理論的には，一般の $l$ で定義できる．一方，計算の都合上，実質的に適用可能なのは $N, p$ の大きさにもよるが $l = 5$ 程度までである．

なお，計画行列 $\boldsymbol{X}$ の行列式 $\det\left(\boldsymbol{X}^{\top}\boldsymbol{X}\right)$ を用いるのは，**最適計画** (optimal design) からの類推である．応答変数ベクトル $\boldsymbol{y}$ について，その真の応答関数が $\boldsymbol{y} = \boldsymbol{X\beta} + \boldsymbol{\varepsilon}$ であり，それと等しい解析モデルを用い，未知母数 $\boldsymbol{\beta}$ を推定する場合を考える．この表記では，計画行列 $\boldsymbol{X}$ にすべての要素が1の列ベクトルを含めていて，これは一般平均を推定するためである．$\left(\boldsymbol{X}^{\top}\boldsymbol{X}\right)^{-1}$ が存在するときに $\widehat{\boldsymbol{\beta}} = \left(\boldsymbol{X}^{\top}\boldsymbol{X}\right)^{-1}\boldsymbol{X}^{\top}\boldsymbol{y}$ の期待値は母数 $\boldsymbol{\beta}$ に等しく，$E(\widehat{\boldsymbol{\beta}}) = \boldsymbol{\beta}$ という不偏性が成り立ち好ましい性質を持つ．そのため，推定量 $\widehat{\boldsymbol{\beta}}$ の分散共分散行列

$$V\left(\widehat{\boldsymbol{\beta}}\right) = \left(\boldsymbol{X}^{\top}\boldsymbol{X}\right)^{-1}\sigma^2$$

が好ましい計画がよい計画となる．

一般に，多変量の推定量の分散共分散行列について，スカラー関数での評価指標として分散共分散行列の行列式による一般化分散を用いる．この値が小さいほど推定が好ましい．また，この一般化分散 $\det(V(\widehat{\boldsymbol{\beta}}))$ において，$\sigma^2$ は実験を適用する場によって決まり，計画 $\boldsymbol{X}$ の水準値の決め方で解消できるものではない．したがって，推定の分散を好ましくするという点では，$\det(V(\widehat{\boldsymbol{\beta}})) = \det((\boldsymbol{X}^{\top}\boldsymbol{X})^{-1}\sigma^2)$ を小さくするために，

$$\det\left(\boldsymbol{X}^{\top}\boldsymbol{X}\right)$$

が大きい計画がよい計画となる．これは行列式 (determinant) を用いているという点で，***D* 最適基準**と呼ぶ (Kiefer, 1958; Kiefer and Wolfowiz, 1959).

計画行列 $\boldsymbol{X}$ を構成するもとになる実験水準 $x_{ij}$ については，実験可能な領域 $R(\boldsymbol{x})$ 内に選ぶ必要がある．因子 $x_1, \ldots, x_p$ について，それぞれに対して $-1 \leq x_i \leq 1$ $(i = 1, \ldots, p)$ という実験可能な領域が与えられていて，応答 $y$ が因子 $x_1, \ldots, x_p$ の線形結合と誤差との和で表現されるならば，$D$ 最適な計画は，因子の上限と下限に水準をとり，それぞれの因子からなるベクトルが直交する計画である．すなわち，前述の直交計画が $D$ 最適計画となる．

## 2.3　内積の二乗和の期待値 $E\left(s^2\right)$ の性質

### 2.3.1　$E\left(s^2\right)$ の下界

実験回数 $N$，列数 $p$，列の要素に $-1, 1$ が $N/2$ ずつ含まれる過飽和実験計画において，

$$E\left(s^2\right) \geq \frac{N^2\,(p - N + 1)}{(N-1)\,(p-1)} \tag{2.3}$$

が成立する．この式は，$N-1$ 列の直交計画をいくつか並べたものが下界に等しいことを示している．その詳細は，第 2.3.2 項に示す．

$E\left(s^2\right)$ がこの下界に等しい，すなわち，上式において等式が成り立てば，$E\left(s^2\right)$ が最小な過飽和実験計画となる (Nguyen, 1996; Tang and Wu, 1997)．この計画を $E\left(s^2\right)$ 最適な計画という．$E\left(s^2\right)$ がこの下界に等しければ $E\left(s^2\right)$ が最小な過飽和実験計画であるが，$E\left(s^2\right)$ が最小な過飽和実験計画であっても常に $E\left(s^2\right)$ がこの下界に等しいわけではない．

表 2.2 の $(6 \times 10)$ の過飽和実験計画では，前節で述べたとおり $s_{ij}^2$ の合計は $2^2 \times 45$ であり，$E\left(s^2\right) = 2^2$ である．一方，この下界の値は

$$\frac{N^2\,(p - N + 1)}{(N-1)\,(p-1)} = \frac{6^2\,(10 - 6 + 1)}{(6-1)\,(10-1)} = \frac{6^2 \times 5}{5 \times 9} = 2^2$$

であり，表 2.2 の計画が $E\left(s^2\right)$ を最小化する計画であることがわかる．

同様に，表 2.3 の $(12 \times 22)$ の計画において，$s_{ij}^2$ の合計は前述のとおり $4^2 \times 99$，また，$E\left(s^2\right) = 4^2 \times 99/231 = 6.857$ である．一方，下界の値は $\frac{12^2(22-12+1)}{(12-1)(22-1)} = 6.857$ であり，この計画も $E\left(s^2\right)$ を最小化する計

画である．

表2.2，表2.3の計画がLin(1993)で提案されたときには，プラケット・バーマン計画の一部により構成する計画が $E\left(s^2\right)$ を最小化する計画である点は述べられていない．数年後のNguyen(1996)，Tang and Wu (1997)により，簡単な過飽和実験計画の構成方法で $E\left(s^2\right)$ 最適な計画が構成できることが示されている．これも1つのきっかけとなり，多くの研究がなされ始めている．

### 2.3.2 $\boldsymbol{E\left(s^2\right)}$ の下界の意味

**$(N-1)$ 列の直交計画に関する基本的性質**

表2.2，表2.3では，偶然，下界に一致しているようにも見え，その意味がわかりにくい．この下界の説明のために，まず，$(N-1)$ 列の直交計画に関する基本的な性質を示す．実験回数 $N$ を4の倍数とし，$-1$ と1が $N/2$ ずつ含まれ，互いに直交する $N$ 次の列ベクトル $\boldsymbol{x}_i (i=1,\ldots,N-1)$ からなる $(N\times(N-1))$ の計画を $\boldsymbol{X}=(\boldsymbol{x}_1,\boldsymbol{x}_2,\ldots,\boldsymbol{x}_{N-1})$ とする．要素に $-1$ と1が $N/2$ ずつ含まれる任意の $N$ 次の列ベクトル $\boldsymbol{x}$ について，

$$\sum_{i=1}^{N-1}\left(\boldsymbol{x}^\top\boldsymbol{x}_i\right)^2=\boldsymbol{x}^\top\boldsymbol{X}\boldsymbol{X}^\top\boldsymbol{x}=N^2 \tag{2.4}$$

が成り立つ．例えば $N=8$ の場合において，

$$\boldsymbol{X}=(\boldsymbol{x}_1,\boldsymbol{x}_2,\ldots,\boldsymbol{x}_7)=\begin{pmatrix} -1 & -1 & -1 & -1 & 1 & 1 & 1 \\ -1 & -1 & 1 & 1 & -1 & -1 & 1 \\ -1 & 1 & -1 & 1 & -1 & 1 & -1 \\ -1 & 1 & 1 & -1 & 1 & -1 & -1 \\ 1 & -1 & -1 & 1 & 1 & -1 & -1 \\ 1 & -1 & 1 & -1 & -1 & 1 & -1 \\ 1 & 1 & -1 & -1 & -1 & -1 & 1 \\ 1 & 1 & 1 & 1 & 1 & 1 & 1 \end{pmatrix}$$

とすると，$-1$ と1が $N/2=4$ ずつ含まれる任意の8次の列ベクトル $\boldsymbol{x}$ について，$\boldsymbol{x}_1,\boldsymbol{x}_2,\ldots,\boldsymbol{x}_7$ との内積の2乗和は64になる．例えば，$\boldsymbol{x}=$

$\boldsymbol{x}_1$ とすると，$\left(\boldsymbol{x}^\top \boldsymbol{x}_1\right)^2 = 8^2$ であり，$\boldsymbol{x}$ と $\boldsymbol{x}_2, \ldots, \boldsymbol{x}_7$ は直交するので $\sum_{i=2}^{7} \left(\boldsymbol{x}^\top \boldsymbol{x}_i\right)^2 = 0$ となり，$\sum_{i=1}^{7} \left(\boldsymbol{x}^\top \boldsymbol{x}_i\right)^2 = 8^2$ が確認できる．また，$\boldsymbol{x} = (-1, -1, -1, 1, -1, 1, 1, 1)^\top$ とすると，$\left(\boldsymbol{x}^\top \boldsymbol{x}_1\right)^2 = 4^2$ となり，同様に $\boldsymbol{x}_2, \boldsymbol{x}_3, \boldsymbol{x}_4$ との内積の 2 乗和が $4^2$ になる．残りの $\boldsymbol{x}_5, \boldsymbol{x}_6, \boldsymbol{x}_7$ と $\boldsymbol{x}$ は直交するので内積の 2 乗和が 0 となり，$\sum_{i=1}^{7} \left(\boldsymbol{x}^\top \boldsymbol{x}_i\right)^2 = 8^2$ が確認できる．

次に，式 (2.4) が成り立つことを説明する．要素のすべてが 1 の $N$ 次の列ベクトルを $\mathbf{1}$ とすると，$(\mathbf{1}, \boldsymbol{X})$ は互いに直交するベクトルからなる $(N \times N)$ 行列となり，$(\mathbf{1}, \boldsymbol{X})^\top (\mathbf{1}, \boldsymbol{X}) = (\mathbf{1}, \boldsymbol{X}) (\mathbf{1}, \boldsymbol{X})^\top = N\boldsymbol{I}$ となるので，

$$\boldsymbol{x}^\top (\mathbf{1}, \boldsymbol{X}) (\mathbf{1}, \boldsymbol{X})^\top \boldsymbol{x} = \boldsymbol{x}^\top \begin{pmatrix} N & 0 & \ldots & 0 \\ 0 & N & \ldots & 0 \\ \vdots & & \ddots & \vdots \\ 0 & 0 & \ldots & N \end{pmatrix} \boldsymbol{x} = N^2$$

が成立する．これを変形すると

$$\boldsymbol{x}^\top (\mathbf{1}, \boldsymbol{X}) (\mathbf{1}, \boldsymbol{X})^\top \boldsymbol{x} = \left(0, \boldsymbol{x}^\top \boldsymbol{X}\right) \begin{pmatrix} 0 \\ \boldsymbol{X}^\top \boldsymbol{x} \end{pmatrix} = \boldsymbol{x}^\top \boldsymbol{X} \boldsymbol{X}^\top \boldsymbol{x}$$

となり，式 (2.4) が確かめられる．

### $E\left(s^2\right)$ の下界の解釈

実験回数 $N$, $(N-1)$ 列の直交計画をいくつか用意し，それを列方向に並べた過飽和実験計画の $E\left(s^2\right)$ 値は，式 (2.3) の右辺に等しい．例えば，実験回数 $N = 12$ の 2 つの $N - 1 = 11$ 列の直交計画 $\boldsymbol{X}_1, \boldsymbol{X}_2$ をもとに，列数 $p = 2(N-1) = 22$ の過飽和実験計画 $\boldsymbol{X} = (\boldsymbol{X}_1, \boldsymbol{X}_2)$ を構成する．この $N = 12, p = 22$ の場合，式 (2.3) の下界は

$$\frac{N^2 (p - N + 1)}{(N-1)(p-1)} = 1584/231 = 6.857$$

となる．

一方，$\boldsymbol{X} = (\boldsymbol{X}_1, \boldsymbol{X}_2)$ において，$\boldsymbol{X}_1 = (\boldsymbol{x}_1, \ldots, \boldsymbol{x}_{11})$，$\boldsymbol{X}_2 = (\boldsymbol{x}_{12}, \ldots, \boldsymbol{x}_{22})$ がそれぞれ直交計画なので，計画 $\boldsymbol{X}_1, \boldsymbol{X}_2$ の内部での列ベクトル間は直交する．$\boldsymbol{X}$ で交絡する可能性があるのは，$\boldsymbol{X}_1$ と $\boldsymbol{X}_2$ のそれぞれから1列を取る組合せのみである．さらに，$\boldsymbol{X}_1$ は互いに直交する11の列ベクトル $(\boldsymbol{x}_1, \ldots, \boldsymbol{x}_{11})$ からなるので，式 (2.4) より $\boldsymbol{X}_2$ のベクトル $\boldsymbol{x}_j$ $(j = 12, \ldots, 22)$ に対して $\sum_{i=1}^{11} \left(\boldsymbol{x}_i^\top \boldsymbol{x}_j\right)^2 = 12^2$ となる．したがって，計画全体の内積の2乗和は

$$\sum_{i=1}^{21} \sum_{j=i+1}^{22} \left(\boldsymbol{x}_i^\top \boldsymbol{x}_j\right)^2 = \sum_{i=1}^{11} \sum_{j=12}^{22} \left(\boldsymbol{x}_i^\top \boldsymbol{x}_j\right)^2 = 12^2 \, (12 - 1) = 1584$$

となる．計画の22列から2列を選ぶ組合せ数は231なので，$E\left(s^2\right) = 1584/231$ となり，$\boldsymbol{X}$ は下界に等しく $E\left(s^2\right)$ 最適な計画である．

これを一般化し，それぞれの列に $-1, 1$ が $N/2$ ずつ含まれる $N-1$ 列の直交計画を，$\boldsymbol{X}_1, \ldots, \boldsymbol{X}_t$ というように $t$ 個用意し，$\boldsymbol{X} = (\boldsymbol{X}_1, \ldots, \boldsymbol{X}_t)$ として実験回数 $N$，列数 $p = t\,(N-1)$ の過飽和実験計画を構成する．この計画の式 (2.3) の下界は，

$$\frac{N^2\,(p - N + 1)}{(N-1)\,(p-1)} = \frac{N^2\,(t\,(N-1) - N + 1)}{(N-1)\,(t\,(N-1) - 1)} = \frac{N^2\,(t-1)}{t\,(N-1) - 1}$$

となる．

この計画において，列間が交絡するのは $\boldsymbol{X}_i, \boldsymbol{X}_j \,(i \neq j)$ である．また先の例と同様に，$\boldsymbol{X}_i$ と $\boldsymbol{X}_j$ $(i \neq j)$ の $s_{ij}^2$ の合計は $N^2\,(N-1)$ となる．$\boldsymbol{X}$ を構成する $t$ 個の計画から，2つの計画を選ぶ組合せは $t\,(t-1)\,/2$ である．したがって，$\boldsymbol{X}$ の $s_{ij}^2$ の合計は，$N^2\,(N-1)\,t\,(t-1)\,/2$ となる．$E\left(s^2\right)$ は，この合計を $t\,(N-1)$ 列から2列を選ぶ組合せ数 $t(N-1)\,(t\,(N-1)-1)\,/2$ で除したものなので

$$E\left(s^2\right) = \frac{N^2\,(N-1)\,t\,(t-1)\,/2}{t(N-1)\,(t\,(N-1)-1)\,/2} = \frac{N^2\,(t-1)}{t\,(N-1) - 1}$$

となり，$\boldsymbol{X}$ は式 (2.3) の下界に等しく $E\left(s^2\right)$ 最適な計画となる．

**$\boldsymbol{E}\left(\boldsymbol{s}^2\right)$ の性質**

表 2.2，表 2.3 の計画の $E\left(s^2\right)$ が式 (2.3) の下界に等しく $E\left(s^2\right)$ 最適である例のように，$E\left(s^2\right)$ 最適な計画に $(N-1)$ 列の直交計画が含まれない場合もある．具体的には，$\boldsymbol{X}^\top\boldsymbol{X}$ を第 2.2.1 項に示すとおり，表 2.3 の $(12 \times 22)$ の過飽和実験計画の場合には，直交計画を並べた形になっておらず，部分的な交絡関係が満遍なく存在する．このように，部分的な交絡関係が満遍なく存在する計画の構成方法は，限られた実験回数についてのみ知られている．詳細を第 3.2 節に示す．これに対し，直交計画を並べる構成方法は，直交計画が存在すれば適用可能なので適用範囲が広い．詳細を第 3.1 節に示す．

また，$(N-1)$ 列の直交計画 $\boldsymbol{X}_i$ を $t$ 個並べて $\boldsymbol{X} = (\boldsymbol{X}_1, \ldots, \boldsymbol{X}_t)$ により過飽和実験計画を構成する場合を考える．$E\left(s^2\right)$ が最小な過飽和実験計画の構成のためには，$\boldsymbol{X}_1, \ldots, \boldsymbol{X}_t$ のそれぞれが直交する $(N \times (N-1))$ 計画であればよく，具体的な $-1, 1$ の配置には依存しない．極端な例として，$\boldsymbol{X} = (\boldsymbol{X}_1, \ldots, \boldsymbol{X}_1)$ のように全く同じ直交計画を $t$ 個並べても，$E\left(s^2\right)$ 最適な過飽和実験計画となる．一方，この計画の場合には，完全交絡する列の対が存在し，主効果どうしが完全交絡するので計画として役割を果たすとはいえない．$E\left(s^2\right)$ は数理的にわかりやすく構造も理解しやすい指標であるが，この例のような性質もあるので，この指標のみを用いて計画を評価するのは好ましくない．

### 2.3.3 $\boldsymbol{E}\left(\boldsymbol{s}^2\right)$ の下界の改善

実験回数 $N$ が 4 の倍数，列数 $p$ が $(N-1)$ の整数倍のとき，$E\left(s^2\right)$ 値が式 (2.3) の下界に等しく $E\left(s^2\right)$ が最適な過飽和実験計画が，プラケット・バーマン計画の応用などにより求められる．例えば，$\boldsymbol{X} = (\boldsymbol{X}_1, \boldsymbol{X}_2)$ として，2 つの $(N-1)$ 列の直交計画から過飽和実験計画を構成すると $E\left(s^2\right)$ 最適になる．また，3.2 節に示すとおり，プラケット・バーマン計画の 1/2 実施計画により，$E\left(s^2\right)$ 値が式 (2.3) の下界に等しく $E\left(s^2\right)$ が最適な過飽和実験計画を構成することができる．

$E\left(s^2\right)$ 値が式 (2.3) に等しい過飽和実験計画は，$E\left(s^2\right)$ が最適な過飽

和実験計画であるものの，$E\left(s^2\right)$ 値が式 (2.3) よりも大きな値で $E\left(s^2\right)$ 最適な計画が存在する．例えば，上記の $\boldsymbol{X}$ に1列を追加する，あるいは，直交する2列を加えても，それは $E\left(s^2\right)$ 最適な過飽和実験計画になる．また1列を減らしても同様である (Cheng, 1997)．このように構成した計画の $E\left(s^2\right)$ 値は，式 (2.3) の値よりも大きいものの，$E\left(s^2\right)$ 最適な過飽和実験計画である．このような乖離が生じるのは，式 (2.3) は下界としての性能がよくないことによる．

実験回数 $N$ が4の倍数で，$0 \leq r < N/2$ の整数 $r$，自然数 $t$ を用いて列数 $p$ が $p = t(N-1) \pm r$ とあらわせるとする．$E\left(s^2\right)$ が

$$\frac{N^2(p-N+1)}{(N-1)(p-1)} + \frac{N}{p(p-1)}\left(D(N,r) - \frac{r^2}{N-1}\right) \tag{2.5}$$

に等しい過飽和実験計画は，$E\left(s^2\right)$ 最適な過飽和実験計画である (Butler et al., 2001)．ただし，

$$D(N,r) = \begin{cases} N+2r-3 & (r \equiv 1 \pmod 4) \\ 2N-4 & (r \equiv 2 \pmod 4) \\ N+2r+1 & (r \equiv 3 \pmod 4) \\ 4r & (r \equiv 0 \pmod 4) \end{cases}$$

である．この式 (2.5) と式 (2.3) を比較すると，式 (2.5) の第2項が式 (2.3) に追加されている．この第2項が正の値である分，式 (2.3) よりも大きな値となるので，それに等しい $E\left(s^2\right)$ 最適な計画の構成が容易になっている．この式 (2.5) の下界に加え，$N$ が $N \equiv 2 \pmod 4$ の場合も Butler et al. (2001)，Das et al (2008) などによって $E\left(s^2\right)$ の下界が導かれている．

これまでに紹介した下界は，$-1$ と $1$ が同数であるという制約があるのに対し，例えば Nguyen and Cheng (2008) はこの制約を外し，いくつかの $N$ について下界を導いている．さらに，Jones and Majumdar (2014) では，任意の実験回数 $N$ に対して，$-1, 1$ の出現回数に制約をおかない下界を示している．

**表 2.4**　実験回数 9 の 3 水準過飽和実験計画の例

| No. | [1] | [2] | [3] | [4] | [5] | [6] | [7] | [8] | [9] | [10] | [11] | [12] |
|---|---|---|---|---|---|---|---|---|---|---|---|---|
| 1 | 1 | 1 | 1 | 1 | 3 | 1 | 3 | 2 | 1 | 2 | 2 | 2 |
| 2 | 1 | 2 | 2 | 2 | 1 | 2 | 2 | 2 | 2 | 1 | 2 | 3 |
| 3 | 1 | 3 | 3 | 3 | 3 | 2 | 1 | 3 | 3 | 1 | 3 | 2 |
| 4 | 2 | 1 | 2 | 3 | 2 | 1 | 2 | 3 | 3 | 2 | 1 | 3 |
| 5 | 2 | 2 | 3 | 1 | 2 | 2 | 3 | 1 | 1 | 1 | 1 | 1 |
| 6 | 2 | 3 | 1 | 2 | 2 | 3 | 1 | 2 | 1 | 3 | 3 | 3 |
| 7 | 3 | 1 | 3 | 2 | 3 | 3 | 2 | 1 | 3 | 3 | 2 | 1 |
| 8 | 3 | 2 | 1 | 3 | 1 | 3 | 3 | 3 | 2 | 2 | 3 | 1 |
| 9 | 3 | 3 | 2 | 1 | 1 | 1 | 1 | 1 | 2 | 3 | 1 | 2 |

## 2.4　多水準過飽和実験計画の評価尺度

### 2.4.1　列間の直交性の評価

前節までは，2 水準の列ベクトルからなる過飽和実験計画を考えたのに対し，本節では水準数 $l$ が 3 以上の**多水準過飽和実験計画**を考える．実験回数 $N = 9$ の 3 水準過飽和実験計画の例を表 2.4 に示す．

因子の水準を $1, \ldots, l$，これらからなる列ベクトルを $\boldsymbol{x}_i^l$ $(i = 1, \ldots, p)$ とし，水準数をベクトルの上付き文字で表記する．これらのベクトルからなる $l$ 水準計画を

$$\boldsymbol{X} = \left(\boldsymbol{x}_1^l, \ldots, \boldsymbol{x}_p^l\right)$$

とする．この計画が $(l-1)\,p \geq N$ の場合に，$l$ 水準過飽和実験計画と呼ぶ．例えば 2 水準過飽和実験計画の場合，$p \geq N$ の場合には，割り付けた因子のすべての効果を同時には推定できない．同様に $l$ 水準の場合には，それぞれの列の自由度が $l-1$ なので，$(l-1)\,p \geq N$ の場合には，割り付けた因子のすべての効果を同時には推定できない．

一般に，$l$ 水準列が $p$ 個あるときに，その計画の飽和度 $v$ を

$$v = \frac{p(l-1)}{N-1}$$

で定義する．例えば $l=3$ 水準列の場合，それぞれの列の自由度は2であり，3水準の $L_9\left(3^4\right)$ 直交表のように $p=4$ 列で $v=1$，すなわち飽和した計画となる．表2.4の計画は $p=12$ 列あり，飽和度 $v=\frac{12(3-1)}{9-1}=3$ となり，飽和する自由度の3倍に相当する列が含まれている．

2つの3水準列 $\boldsymbol{x}_i^3, \boldsymbol{x}_j^3$ がともに間隔尺度であれば，$\boldsymbol{x}^3$ の水準を $-1, 0, 1$ とした2変数のみでの最小2乗法により，効果の推定量は

$$\widehat{\boldsymbol{\beta}}=\left((\mathbf{1}, \boldsymbol{x}_i^3, \boldsymbol{x}_j^3)^{\top}\left(\mathbf{1}, \boldsymbol{x}_i^3, \boldsymbol{x}_j^3\right)\right)^{-1}\left(\mathbf{1}, \boldsymbol{x}_i^3, \boldsymbol{x}_j^3\right)^{\top} \boldsymbol{y}$$

となる．ただし，それぞれの列に $-1, 0, 1$ が同数回含まれるものとする．$V(\widehat{\boldsymbol{\beta}})=\left((\mathbf{1}, \boldsymbol{x}_i^3, \boldsymbol{x}_j^3)^{\top}(\mathbf{1}, \boldsymbol{x}_i^3, \boldsymbol{x}_j^3)\right)^{-1}\sigma^2$ は

$$\begin{pmatrix} N & 0 & 0 \\ 0 & N & s_{ij} \\ 0 & s_{ij} & N \end{pmatrix}^{-1}=\begin{pmatrix} \frac{1}{N} & 0 & 0 \\ 0 & \frac{N}{N^2-s_{ij}^2} & \frac{-s_{ij}}{N^2-s_{ij}^2} \\ 0 & \frac{-s_{ij}}{N^2-s_{ij}^2} & \frac{N}{N^2-s_{ij}^2} \end{pmatrix}$$

となるので，$s_{ij}$ が0，すなわち列間が直交するときに，$V\left(\widehat{\beta}_1\right)$，$V\left(\widehat{\beta}_2\right)$ が小さな値となる．また，$cov\left(\widehat{\beta}_1, \widehat{\beta}_2\right)=0$ となるなど，2水準列と同様に $s_{ij}^2$ に基づき列間の直交性を評価すればよい．

しかしながら，因子として触媒の種類，原料の納入元のような名義尺度を取り上げる場合には，3水準を連続量とする取り扱いは意味を持たない．そこで，2元分割表等で用いられるピアソンの $\chi^2$ 統計量からの類推により，これを2列間の直交性の評価に用いる (Yamada and Lin, 1999). それぞれの水準組合せにおける出現の期待度数は，総実験回数 $N$ を水準組合せの数 $3^2$ で除して $N/3^2$ で与えられる．直交性の評価尺度 $\chi^2$ 値について，それぞれの水準組合せごとに

$$\frac{(\text{出現数}-\text{期待度数})^2}{\text{期待度数}}$$

を考え，それをすべての水準組合せについて加え，

$$\chi^2=\sum \frac{(\text{出現数}-\text{期待度数})^2}{\text{期待度数}}$$

で定義する．すべての水準組合せにおいて，出現数と期待度数が等しけれ

ば $\chi^2 = 0$ となり，それらの 2 列は直交している．なお，列間の直交性の評価として，Fang et al. (2000) も同様の考え方に基づき

$$\sum |\,\text{出現数} - \text{期待度数}\,|$$

を提示し，それに基づく計画の構成方法を示している．これは，基本的には前述の $\chi^2$ 値と同等の意味を持つ．

例えば，要素が $1, 2, 3$ からなる 3 つの 9 次元ベクトル $\boldsymbol{x}_1^3, \boldsymbol{x}_2^3, \boldsymbol{x}_3^3$ について，

$$\boldsymbol{x}_1^3 = \begin{pmatrix} 1 \\ 1 \\ 1 \\ 2 \\ 2 \\ 2 \\ 3 \\ 3 \\ 3 \end{pmatrix}, \quad \boldsymbol{x}_2^3 = \begin{pmatrix} 1 \\ 2 \\ 3 \\ 1 \\ 2 \\ 3 \\ 1 \\ 2 \\ 3 \end{pmatrix}, \quad \boldsymbol{x}_3^3 = \begin{pmatrix} 1 \\ 2 \\ 1 \\ 1 \\ 2 \\ 3 \\ 2 \\ 3 \\ 3 \end{pmatrix}$$

の場合には，$(\boldsymbol{x}_1^3, \boldsymbol{x}_2^3)$, $(\boldsymbol{x}_1^3, \boldsymbol{x}_3^3)$, $(\boldsymbol{x}_2^3, \boldsymbol{x}_3^3)$ の 2 元表はそれぞれ，

| $\boldsymbol{x}_1^3 \backslash \boldsymbol{x}_2^3$ | 1 | 2 | 3 | 計 |
|---|---|---|---|---|
| 1 | 1 | 1 | 1 | 3 |
| 2 | 1 | 1 | 1 | 3 |
| 3 | 1 | 1 | 1 | 3 |
| 計 | 3 | 3 | 3 | 9 |

| $\boldsymbol{x}_1^3 \backslash \boldsymbol{x}_3^3$ | 1 | 2 | 3 | 計 |
|---|---|---|---|---|
| 1 | 2 | 1 | 0 | 3 |
| 2 | 1 | 1 | 1 | 3 |
| 3 | 0 | 1 | 2 | 3 |
| 計 | 3 | 3 | 3 | 9 |

| $\boldsymbol{x}_2^3 \backslash \boldsymbol{x}_3^3$ | 1 | 2 | 3 | 計 |
|---|---|---|---|---|
| 1 | 2 | 1 | 0 | 3 |
| 2 | 0 | 2 | 1 | 3 |
| 3 | 1 | 0 | 2 | 3 |
| 計 | 3 | 3 | 3 | 9 |

となる．これらをもとに $\chi^2$ を求めると

$$\begin{aligned}
\chi^2\left(\boldsymbol{x}_1^3, \boldsymbol{x}_2^3\right) &= \tfrac{9\times(1-9/9)^2}{9/9} = 0 \\
\chi^2\left(\boldsymbol{x}_1^3, \boldsymbol{x}_3^3\right) &= \tfrac{2\times(2-9/9)^2+5\times(1-9/9)^2+2\times(0-9/9)^2}{9/9} = 4 \\
\chi^2\left(\boldsymbol{x}_2^3, \boldsymbol{x}_3^3\right) &= \tfrac{3\times(2-9/9)^2+3\times(1-9/9)^2+3\times(0-9/9)^2}{9/9} = 6
\end{aligned}$$

となる．前述の 2 元表との対応から明らかなように，$(\boldsymbol{x}_1^3, \boldsymbol{x}_2^3)$, $(\boldsymbol{x}_1^3, \boldsymbol{x}_3^3)$, $(\boldsymbol{x}_2^3, \boldsymbol{x}_3^3)$ の順に列間の直交性が低くなっていて，これは，交絡が強くなっているともいえる．

さらに，2つの3水準ベクトル $\boldsymbol{x}_i^3, \boldsymbol{x}_j^3$ が完全に交絡するときには，例えば，

| $\boldsymbol{x}_i^3 \backslash \boldsymbol{x}_j^3$ | 1 | 2 | 3 | 計 |
|---|---|---|---|---|
| 1 | 3 | 0 | 0 | 3 |
| 2 | 0 | 3 | 0 | 3 |
| 3 | 0 | 0 | 3 | 3 |
| 計 | 3 | 3 | 3 | 9 |

| $\boldsymbol{x}_i^3 \backslash \boldsymbol{x}_j^3$ | 1 | 2 | 3 | 計 |
|---|---|---|---|---|
| 1 | 0 | 3 | 0 | 3 |
| 2 | 0 | 0 | 3 | 3 |
| 3 | 3 | 0 | 0 | 3 |
| 計 | 3 | 3 | 3 | 9 |

| $\boldsymbol{x}_i^3 \backslash \boldsymbol{x}_j^3$ | 1 | 2 | 3 | 計 |
|---|---|---|---|---|
| 1 | 0 | 0 | 3 | 3 |
| 2 | 3 | 0 | 0 | 3 |
| 3 | 0 | 3 | 0 | 3 |
| 計 | 3 | 3 | 3 | 9 |

のように，$\boldsymbol{x}_i^3, \boldsymbol{x}_j^3$ の水準組合せにおいて，$\boldsymbol{x}_i^3$ のある水準が $\boldsymbol{x}_j^3$ の1つの水準にのみ出現している．この場合，

$$\chi^2\left(\boldsymbol{x}_i^3, \boldsymbol{x}_j^3\right) = \frac{3 \times (3 - 9/9)^2 + 6 \times (0 - 9/9)^2}{9/9} = 18$$

となる．これらのように，$\chi^2$ 値により直交性，言い換えると，交絡度合いが表現できている．

要素が同数の $-1, 1$ からなる2水準ベクトル $\boldsymbol{x}_i^2$ と $\boldsymbol{x}_j^2$ について，その内積の2乗 $s_{ij}^2 = \left(\boldsymbol{x}_i^{2\top} \boldsymbol{x}_j^2\right)^2$ と，これらから求める $\chi^2\left(\boldsymbol{x}_i^2, \boldsymbol{x}_j^2\right)$ については，

$$\chi^2\left(\boldsymbol{x}_i^2, \boldsymbol{x}_j^2\right) = \frac{s_{ij}^2}{N} \tag{2.6}$$

なる関係があり，$\chi^2$ 値が過飽和実験計画の評価に用いられている $s_{ij}^2$ の拡張であるとみなすことができる．この指標が提案された当初は，式 (2.6) の指摘にとどまっている．その後，$\chi^2$ の平均値 $E\left(\chi^2\right)$ の下界など，$E\left(s^2\right)$ と $E\left(\chi^2\right)$ に類似した性質があることが導かれている．

### 2.4.2 計画全体の評価

計画 $\boldsymbol{X}^l = \left(\boldsymbol{x}_1^l, \ldots, \boldsymbol{x}_p^l\right)$ 全体としての直交性の評価には，$E\left(s^2\right)$ からの類推により $\chi^2$ 統計量の平均値

$$E\left(\chi^2\right) = \sum_{i=1}^{p-1} \sum_{j=i+1}^{p} \chi^2\left(\boldsymbol{x}_i^l, \boldsymbol{x}_j^l\right) \Bigg/ \binom{p}{2}$$

を用いる．この平均値を，期待値記号の $E$ を用いてあらわすのは，

$E\left(s^2\right)$ の記法に準拠しているためである．また，$\chi^2$ 統計量の最大値

$$\max\{\chi^2\left(\boldsymbol{x}_i,\,\boldsymbol{x}_j\right) \mid 1 \leq i < j \leq p\}$$

も併せて用いる．

表 2.4 の計画 $\boldsymbol{X}^3 = \left(\boldsymbol{x}_1^3, \ldots, \boldsymbol{x}_{12}^3\right)$ の 2 つの列 $\boldsymbol{x}_i^3, \boldsymbol{x}_j^3$ について，$\chi^2\left(\boldsymbol{x}_i^3, \boldsymbol{x}_j^3\right)$ $(i, j = 1, \ldots, 12)$ を要素とする $(12 \times 12)$ 行列は

$$
\begin{array}{c}
\qquad \boldsymbol{X}_1^3 \qquad\qquad\qquad \boldsymbol{X}_2^3 \qquad\qquad\qquad \boldsymbol{X}_3^3 \\
\left(\begin{array}{cccc|cccc|cccc}
18 & 0 & 0 & 0 & 10 & 4 & 0 & 4 & 4 & 4 & 4 & 6 \\
0 & 18 & 0 & 0 & 4 & 4 & 10 & 0 & 4 & 6 & 4 & 4 \\
0 & 0 & 18 & 0 & 4 & 6 & 4 & 4 & 6 & 4 & 4 & 4 \\
0 & 0 & 0 & 18 & 0 & 4 & 4 & 10 & 4 & 4 & 6 & 4 \\
\hline
10 & 4 & 4 & 0 & 18 & 0 & 0 & 0 & 10 & 0 & 4 & 4 \\
4 & 4 & 6 & 4 & 0 & 18 & 0 & 0 & 0 & 10 & 4 & 4 \\
0 & 10 & 4 & 4 & 0 & 0 & 18 & 0 & 4 & 4 & 4 & 6 \\
4 & 0 & 4 & 10 & 0 & 0 & 0 & 18 & 4 & 4 & 6 & 4 \\
\hline
4 & 4 & 6 & 4 & 10 & 0 & 4 & 4 & 18 & 0 & 0 & 0 \\
4 & 6 & 4 & 4 & 0 & 10 & 4 & 4 & 0 & 18 & 0 & 0 \\
4 & 4 & 4 & 6 & 4 & 4 & 4 & 6 & 0 & 0 & 18 & 0 \\
6 & 4 & 4 & 4 & 4 & 4 & 6 & 4 & 0 & 0 & 0 & 18
\end{array}\right)
\end{array}
$$

となる．この計画を $\boldsymbol{X}^3 = \left(\boldsymbol{X}_1^3, \boldsymbol{X}_2^3, \boldsymbol{X}_3^3\right)$，$\boldsymbol{X}_1^3 = \left(\boldsymbol{x}_1^3, \ldots, \boldsymbol{x}_4^3\right)$，$\boldsymbol{X}_2^3 = \left(\boldsymbol{x}_5^3 \ldots, \boldsymbol{x}_8^3\right)$，$\boldsymbol{X}_3^3 = \left(\boldsymbol{x}_9^3 \ldots, \boldsymbol{x}_{12}^3\right)$ と分割すると，$\boldsymbol{X}_1^3$，$\boldsymbol{X}_2^3$，$\boldsymbol{X}_3^3$ のそれぞれは，互いに直交する 4 列からなる計画となる．また，$\boldsymbol{X}_1^3$ の飽和度 $v$ は $\frac{4(3-1)}{9-1} = 1$ であり，$\boldsymbol{X}_2^3, \boldsymbol{X}_3^3$ も同様である．

一方，$\boldsymbol{X}_1^3$，$\boldsymbol{X}_2^3$，$\boldsymbol{X}_3^3$ 間では，非直交，すなわち交絡しているものがある．実験回数 $N = 9$，水準数 $l = 3$ で，それぞれの列に $1, 2, 3$ が 3 つずつ現れる場合には，$\chi^2\left(\boldsymbol{x}_i^3, \boldsymbol{x}_j^3\right)$ のとりうる値は $\{0, 4, 6, 10, 18\}$ である．このうち，$0, 4, 6$ の場合の例は

| $i\backslash j$ | 1 | 2 | 3 | 計 |
|---|---|---|---|---|
| 1 | 1 | 1 | 1 | 3 |
| 2 | 1 | 1 | 1 | 3 |
| 3 | 1 | 1 | 1 | 3 |
| 計 | 3 | 3 | 3 | 9 |

| $i\backslash j$ | 1 | 2 | 3 | 計 |
|---|---|---|---|---|
| 1 | 2 | 1 | 0 | 3 |
| 2 | 1 | 1 | 1 | 3 |
| 3 | 0 | 1 | 2 | 3 |
| 計 | 3 | 3 | 3 | 9 |

| $i\backslash j$ | 1 | 2 | 3 | 計 |
|---|---|---|---|---|
| 1 | 2 | 1 | 0 | 3 |
| 2 | 0 | 2 | 1 | 3 |
| 3 | 1 | 0 | 2 | 3 |
| 計 | 3 | 3 | 3 | 9 |

である．また，10, 18 の場合の例は

| $i \backslash j$ | 1 | 2 | 3 | 計 |
|---|---|---|---|---|
| 1 | 1 | 2 | 0 | 3 |
| 2 | 2 | 1 | 0 | 3 |
| 3 | 0 | 0 | 3 | 3 |
| 計 | 3 | 3 | 3 | 9 |

| $i \backslash j$ | 1 | 2 | 3 | 計 |
|---|---|---|---|---|
| 1 | 3 | 0 | 0 | 3 |
| 2 | 0 | 3 | 0 | 3 |
| 3 | 0 | 0 | 3 | 3 |
| 計 | 3 | 3 | 3 | 9 |

である．これから，$\chi^2\left(\boldsymbol{x}_i^3, \boldsymbol{x}_j^3\right) = 18$ の場合には列全体が完全に交絡する．また，10 の場合には，ある水準どうしが完全に交絡していることがわかる．一方，$\chi^2\left(\boldsymbol{x}_i^3, \boldsymbol{x}_j^3\right)$ が 6, 4 の場合には，このような完全交絡はなく部分的な交絡のみ存在する．

計画全体で見ると，$\boldsymbol{X}_1^3$ と $\boldsymbol{X}_2^3$ には $\chi^2$ 値が 10 の組合せが 3 つ存在する．また，$\boldsymbol{X}_2^3$ と $\boldsymbol{X}_3^3$ には，$\chi^2$ 値が 10 の組合せが 2 つ存在する．これに対し，$\boldsymbol{X}_1^3$ と $\boldsymbol{X}_3^3$ では $\chi^2$ 値がすべて 4, 6 であり，全体的に小さな交絡となっている．

計画全体の $E\left(\chi^2\right)$ は，

$$E\left(\chi^2\right) = \sum_{i=1}^{12-1} \sum_{j=i+1}^{12} \chi^2\left(\boldsymbol{x}_i^l, \boldsymbol{x}_j^l\right) \Bigg/ \binom{12}{2} = \frac{216}{66} = 3.273$$

となる．この場合，直交する場合には $\chi^2 = 0$ でその次に小さな値が 4 である点に鑑みると，全体的に交絡が抑えられていることがわかる．

また最大値

$$\max\{\chi^2\left(\boldsymbol{x}_i, \boldsymbol{x}_j\right) \mid 1 \leq i < j \leq p\} = 10$$

であり，この交絡が 5 組ある．一方，18 という完全交絡する列は存在しない．

### 2.4.3　列間の $\chi^2$ 値に関する性質と下界

#### 列間の $\chi^2$ 値に関する性質

列間の直交性について，2 水準の $E\left(s^2\right)$ と多水準の $E\left(\chi^2\right)$ について，類似の性質が成り立つ．式 (2.4) で示したとおり，$-1$ と 1 が同数回含ま

れる 2 水準の $(N \times (N-1))$ 直交計画 $\boldsymbol{X} = (\boldsymbol{x}_1^2, \ldots, \boldsymbol{x}_{N-1}^2)$ と，$-1$ と 1 が同数回含まれる任意のベクトル $\boldsymbol{x}^2$ において，そのベクトルと計画に含まれる内積の二乗和が

$$\sum_{i=1}^{N-1} \left(\boldsymbol{x}_i^{2\top} \boldsymbol{x}^2\right)^2 = N^2$$

のように一定の値となる．これと同様に，1, 2, 3 が同数回含まれる 3 水準の $(N \times (N-1)/2)$ 直交計画 $\boldsymbol{X} = \left(\boldsymbol{x}_1^3, \ldots, \boldsymbol{x}_{(N-1)/2}^3\right)$ と，1, 2, 3 が同数回含まれる任意のベクトル $\boldsymbol{x}^3$ について

$$\sum_{i=1}^{(N-1)/2} \chi^2\left(\boldsymbol{x}_i^3, \boldsymbol{x}^3\right) = 2N \tag{2.7}$$

のように一定の値となる (Yamada et al., 1999)．例えば，表 2.4 の計画 $\boldsymbol{X} = \left(\boldsymbol{x}_1^3, \ldots, \boldsymbol{x}_{12}^3\right)$ の最初の 4 列

$$\left(\boldsymbol{x}_1^3, \boldsymbol{x}_2^3, \boldsymbol{x}_3^3, \boldsymbol{x}_4^3\right) = \begin{pmatrix} 1 & 1 & 1 & 1 \\ 1 & 2 & 2 & 2 \\ 1 & 3 & 3 & 3 \\ 2 & 1 & 2 & 3 \\ 2 & 2 & 3 & 1 \\ 2 & 3 & 1 & 2 \\ 3 & 1 & 3 & 2 \\ 3 & 2 & 1 & 3 \\ 3 & 3 & 2 & 1 \end{pmatrix} \tag{2.8}$$

は，互いに直交する．この式 (2.8) において，$\boldsymbol{x}_5^3$ と $\boldsymbol{x}_1^3, \boldsymbol{x}_2^3, \boldsymbol{x}_3^3, \boldsymbol{x}_4^3$ との $\chi^2$ 値は，それぞれ 10, 4, 4, 0 であり，和が $2N = 18$ となる．また，$\boldsymbol{x}_6^3$ と $\boldsymbol{x}_1^3, \boldsymbol{x}_2^3, \boldsymbol{x}_3^3, \boldsymbol{x}_4^3$ との $\chi^2$ 値は 4, 4, 6, 4 であり，和が $2N = 18$ となる．同様に，残りの列についてもこの和が $2N = 18$ になることが確認できる．

これは，$l$ 水準の場合にも成り立つ．実験回数 $N$，水準数 $l$ で，列の要素に $1, \ldots, l$ が $N/l$ 回ずつ含まれる $\left(N \times \frac{N-1}{l-1}\right)$ 直交計画 $\left(\boldsymbol{x}_1^l, \ldots, \boldsymbol{x}_{\frac{N-1}{l-1}}^l\right)$ と，$1, \ldots, l$ が同数回含まれる任意のベクトル $\boldsymbol{x}^l$ について

$$\sum_{i=1}^{\frac{N-1}{l-1}} \chi^2\left(\boldsymbol{x}_i^l, \boldsymbol{x}^l\right) = (l-1)N \tag{2.9}$$

が成り立つ.

### $E\left(\chi^2\right)$ の下界

2水準過飽和実験計画の $E\left(s^2\right)$ についての下界と同様に，$l$ 水準の過飽和実験計画の $E\left(\chi^2\right)$ についての下界が求められている．一般に，実験回数 $N$，列数 $p$，水準数 $l$ で，列の要素に $1,\ldots,l$ が $N/l$ 回ずつ含まれる過飽和実験計画において，

$$E\left(\chi^2\right) \geq \frac{v(v-1)N(N-1)}{p(p-1)} \tag{2.10}$$

が成立する．ただし，$v$ は飽和度で $v = p(l-1)/(N-1)$ である．$E\left(\chi^2\right)$ が式 (2.10) の右辺に等しい計画は，$E\left(\chi^2\right)$ が最小な $l$ 水準過飽和実験計画である (Yamada and Matsui, 2002).

表 2.4 の計画 $\boldsymbol{X} = \left(\boldsymbol{x}_1^3,\ldots,\boldsymbol{x}_{12}^3\right)$ では，$N = 9, l = 3, p = 12, v = \frac{12(3-1)}{9-1} = 3$ なので，式 (2.10) の右辺で与えられる下界値は 3.273 である．一方この計画は，先に示したとおり $E\left(\chi^2\right)$ が 3.273 であり，この値は式 (2.10) の右辺に等しいので $E\left(\chi^2\right)$ 最適な計画となる．

この下界は，

$$\frac{v(v-1)N(N-1)}{p(p-1)} = \frac{\frac{1}{2}v(v-1)(l-1)N\left(\frac{N-1}{l-1}\right)}{\frac{1}{2}p(p-1)}$$

と変形すると，$E\left(s^2\right)$ と同様の解釈になり，背後の性質が理解しやすい．分母は $p$ 列から2列を選ぶときの組合せ数であり，$\chi^2$ 値の平均値を求めるためのものである．分子の $\frac{1}{2}v(v-1)$ は，過飽和実験計画を $(N-1)/(l-1)$ 列の飽和する直交計画 $v$ 個に分割し，その中で2つを選ぶ組合せの数である．例えば，表 2.4 の計画であれば $\boldsymbol{X}_1^3, \boldsymbol{X}_2^3, \boldsymbol{X}_3^3$ から2つを選ぶ組合せの数は3である．さらに分子の $(l-1)N$ は，式 (2.9) に示すとおり直交計画と1つの列ベクトルの $\chi^2$ 値の和を，$\frac{N-1}{l-1}$ は飽和する直交計

画に含まれる列数をあらわす．したがって，これらの積である分子は，分割された2つの計画間の $\chi^2$ 値の和となる．例えば，表2.4の計画であれば，直交計画と1つの3水準ベクトルの $\chi^2$ 値の和が $2N$ であり，それぞれの直交計画に $\frac{9-1}{3-1} = 4$ 列が含まれ，$\boldsymbol{X}_i$ と $\boldsymbol{X}_j$ の $\chi^2$ 値の和が $2 \times 9 \times 4 = 72$ である．また，飽和度 $v = 3$ であり3つの飽和計画から2つを選ぶ組合せは3なので，$\chi^2$ 値の合計は $72 \times 3 = 216$ となる．

それぞれの列に水準が $N/l$ 回ずつ現れる $l$ 水準の過飽和実験計画について，$\binom{N-1}{l-1}$ 列の $l$ 水準直交計画を並べて構成することを考える．$\boldsymbol{X}_1^l, \ldots, \boldsymbol{X}_v^l$ のそれぞれが，直交する実験回数 $N$，列数 $\frac{N-1}{l-1}$ の計画であれば，計画全体として $E\left(\chi^2\right)$ が最小となり，具体的な要素の配置には依存しない．この点は，$E\left(\chi^2\right)$ が $E\left(s^2\right)$ と同様に，数理的にわかりやすく構造も理解しやすい指標であるが，これ単独で計画の評価を考えるのは好ましくないことを示している．また，実験回数 $N$，列数 $v\frac{N-1}{l-1}$ の過飽和実験計画を構成するには，$v\frac{N-1}{l-1}$ の列全体を考えるのではなく，$v$ 個の部分に分け，部分最適なものを構成すれば全体最適になることを示している．さらに，式 (2.9) の和に関する性質，式 (2.10) の下界は，次節で示す混合水準過飽和実験計画に一般化可能である．

### 2.4.4 田口の殆直交表の直交性評価

海外での1959年の過飽和実験計画の提案後，田口 (1977) は3水準の (27 × 22) 過飽和実験計画を表2.1の殆直交表として明示している．田口 (1977) では，まず，直交計画とその行をランダムに入れ替えて対応させた直交計画を並べた計画での適用例を示している．それに続く節にてこの方法は計算が面倒であるので，伊奈正夫によって作られたとするこの表2.1の殆直交表を示している．構成方法についての詳細は述べられていない．この計画の提案後，1990年代になって $E\left(s^2\right)$，$E\left(\chi^2\right)$ の性質，下界などが徐々に明らかになっている．

この過飽和実験計画は3水準列からなるので，$\chi^2$ 値をもとに直交性を評価する．表2.1の計画 $\boldsymbol{X} = \left(\boldsymbol{x}_1^3, \ldots, \boldsymbol{x}_{22}^3\right)$ について，2つの列 $\boldsymbol{x}_i^3, \boldsymbol{x}_j^3$ について，$\chi^2\left(\boldsymbol{x}_i^3, \boldsymbol{x}_j^3\right)$ $(i, j = 1, \ldots, 22)$ を要素とする (22 × 22) 行列は

$$
\left(\begin{array}{c|ccccccccc|ccc|ccccccccc}
54 & 0 & 0 & 0 & 0 & 0 & 0 & 0 & 0 & 0 & 0 & 0 & 0 & 0 & 0 & 0 & 0 & 0 & 0 & 0 & 0 & 0 \\
\hline
0 & 54 & 0 & 0 & 0 & 0 & 0 & 0 & 0 & 0 & 0 & 0 & 0 & 6 & 6 & 6 & 6 & 6 & 6 & 6 & 6 & 6 \\
0 & 0 & 54 & 0 & 0 & 0 & 0 & 0 & 0 & 0 & 0 & 0 & 0 & 6 & 6 & 6 & 6 & 6 & 6 & 6 & 6 & 6 \\
0 & 0 & 0 & 54 & 0 & 0 & 0 & 0 & 0 & 0 & 0 & 0 & 0 & 6 & 6 & 6 & 6 & 6 & 6 & 6 & 6 & 6 \\
0 & 0 & 0 & 0 & 54 & 0 & 0 & 0 & 0 & 0 & 0 & 0 & 0 & 6 & 6 & 6 & 6 & 6 & 6 & 6 & 6 & 6 \\
0 & 0 & 0 & 0 & 0 & 54 & 0 & 0 & 0 & 0 & 0 & 0 & 0 & 6 & 6 & 6 & 6 & 6 & 6 & 6 & 6 & 6 \\
0 & 0 & 0 & 0 & 0 & 0 & 54 & 0 & 0 & 0 & 0 & 0 & 0 & 6 & 6 & 6 & 6 & 6 & 6 & 6 & 6 & 6 \\
0 & 0 & 0 & 0 & 0 & 0 & 0 & 54 & 0 & 0 & 0 & 0 & 0 & 6 & 6 & 6 & 6 & 6 & 6 & 6 & 6 & 6 \\
0 & 0 & 0 & 0 & 0 & 0 & 0 & 0 & 54 & 0 & 0 & 0 & 0 & 6 & 6 & 6 & 6 & 6 & 6 & 6 & 6 & 6 \\
0 & 0 & 0 & 0 & 0 & 0 & 0 & 0 & 0 & 54 & 0 & 0 & 0 & 6 & 6 & 6 & 6 & 6 & 6 & 6 & 6 & 6 \\
\hline
0 & 0 & 0 & 0 & 0 & 0 & 0 & 0 & 0 & 0 & 54 & 0 & 0 & 0 & 0 & 0 & 0 & 0 & 0 & 0 & 0 & 0 \\
0 & 0 & 0 & 0 & 0 & 0 & 0 & 0 & 0 & 0 & 0 & 54 & 0 & 0 & 0 & 0 & 0 & 0 & 0 & 0 & 0 & 0 \\
0 & 0 & 0 & 0 & 0 & 0 & 0 & 0 & 0 & 0 & 0 & 0 & 54 & 0 & 0 & 0 & 0 & 0 & 0 & 0 & 0 & 0 \\
\hline
0 & 6 & 6 & 6 & 6 & 6 & 6 & 6 & 6 & 6 & 0 & 0 & 0 & 54 & 0 & 0 & 0 & 0 & 0 & 0 & 0 & 0 \\
0 & 6 & 6 & 6 & 6 & 6 & 6 & 6 & 6 & 6 & 0 & 0 & 0 & 0 & 54 & 0 & 0 & 0 & 0 & 0 & 0 & 0 \\
0 & 6 & 6 & 6 & 6 & 6 & 6 & 6 & 6 & 6 & 0 & 0 & 0 & 0 & 0 & 54 & 0 & 0 & 0 & 0 & 0 & 0 \\
0 & 6 & 6 & 6 & 6 & 6 & 6 & 6 & 6 & 6 & 0 & 0 & 0 & 0 & 0 & 0 & 54 & 0 & 0 & 0 & 0 & 0 \\
0 & 6 & 6 & 6 & 6 & 6 & 6 & 6 & 6 & 6 & 0 & 0 & 0 & 0 & 0 & 0 & 0 & 54 & 0 & 0 & 0 & 0 \\
0 & 6 & 6 & 6 & 6 & 6 & 6 & 6 & 6 & 6 & 0 & 0 & 0 & 0 & 0 & 0 & 0 & 0 & 54 & 0 & 0 & 0 \\
0 & 6 & 6 & 6 & 6 & 6 & 6 & 6 & 6 & 6 & 0 & 0 & 0 & 0 & 0 & 0 & 0 & 0 & 0 & 54 & 0 & 0 \\
0 & 6 & 6 & 6 & 6 & 6 & 6 & 6 & 6 & 6 & 0 & 0 & 0 & 0 & 0 & 0 & 0 & 0 & 0 & 0 & 54 & 0 \\
0 & 6 & 6 & 6 & 6 & 6 & 6 & 6 & 6 & 6 & 0 & 0 & 0 & 0 & 0 & 0 & 0 & 0 & 0 & 0 & 0 & 54
\end{array}\right)
$$

となる．性質を見やすくするために，第 [1]，[10]，[13] 列の後ろと，第 [1]，[10]，[13] 行の下に線を入れている．この $\chi^2$ の行列から，次のことがわかる．

1. この過飽和実験計画は，飽和度 $v = 1$ の直交行列 $\boldsymbol{X}_1^3 = (\boldsymbol{x}_1^3, \ldots, \boldsymbol{x}_{13}^3)$ に，互いに直交する 3 水準列 $\boldsymbol{X}_2^3 = \left(\boldsymbol{x}_{14}^3, \ldots, \boldsymbol{x}_{22}^3\right)$ を追加しているとみなしうる．また，$\boldsymbol{x}_1^3, \boldsymbol{x}_{11}^3, \ldots, \boldsymbol{x}_{22}^3$ も $v = 1$ の直交計画であり，これに，互いに直交する 3 水準列 $\boldsymbol{x}_2^3, \ldots, \boldsymbol{x}_{10}^3$ を追加しているとみなすこともできる．
2. 式 (2.7) のとおり，$1, 2, 3$ が同数回含まれる列からなる飽和度 $v = 1$ の直交計画と，$1, 2, 3$ が同数回含まれる任意の列との $\chi^2$ 値の和は一定の値となる．ここでは $N = 27$ なので，どのように $\boldsymbol{x}^3$ を決めようとも，$\boldsymbol{X}_1^3 = (\boldsymbol{x}_1^3, \ldots, \boldsymbol{x}_{13}^3)$ との $\chi^2$ 値の和は 54 となる．この計画が巧妙なのは，$\boldsymbol{x}_{14}^3, \ldots, \boldsymbol{x}_{22}^3$ のそれぞれについて，$\boldsymbol{x}_1^3, \boldsymbol{x}_{11}^3, \boldsymbol{x}_{12}^3, \boldsymbol{x}_{13}^3$ とは直交し，$\left(\boldsymbol{x}_2^3, \ldots, \boldsymbol{x}_{10}^3\right)$ との $\chi^2$ 値が 6 となるように定めている点である．

3. 実験回数 $N = 27$ の場合，$1, 2, 3$ が同数回含まれる列において，$\chi^2 = 0, 4/3, 2$ となる組合せは，それぞれ，

| $i\backslash j$ | 1 | 2 | 3 | 計 |
|---|---|---|---|---|
| 1 | 3 | 3 | 3 | 9 |
| 2 | 3 | 3 | 3 | 9 |
| 3 | 3 | 3 | 3 | 9 |
| 計 | 9 | 9 | 9 | 27 |

| $i\backslash j$ | 1 | 2 | 3 | 計 |
|---|---|---|---|---|
| 1 | 4 | 2 | 3 | 9 |
| 2 | 2 | 4 | 3 | 9 |
| 3 | 3 | 3 | 3 | 9 |
| 計 | 9 | 9 | 9 | 27 |

| $i\backslash j$ | 1 | 2 | 3 | 計 |
|---|---|---|---|---|
| 1 | 4 | 2 | 3 | 9 |
| 2 | 3 | 4 | 2 | 9 |
| 3 | 2 | 3 | 4 | 9 |
| 計 | 9 | 9 | 9 | 27 |

となる．これに続く大きさである $\chi^2 = 10/3, 6$ となるのは，

| $i\backslash j$ | 1 | 2 | 3 | 計 |
|---|---|---|---|---|
| 1 | 5 | 2 | 2 | 9 |
| 2 | 2 | 4 | 3 | 9 |
| 3 | 2 | 3 | 4 | 9 |
| 計 | 9 | 9 | 9 | 27 |

| $i\backslash j$ | 1 | 2 | 3 | 計 |
|---|---|---|---|---|
| 1 | 5 | 2 | 2 | 9 |
| 2 | 2 | 5 | 2 | 9 |
| 3 | 2 | 2 | 5 | 9 |
| 計 | 9 | 9 | 9 | 27 |

である．この殆直交表の部分的な交絡は，$\chi^2 = 6$ なので出現度数の組合せにおいて 0 が含まれておらず，さして悪いものともいえない．飽和度 $v = 1$ の直交計画とは何らかの形で交絡するので，その交絡を 9 列に限定し $\chi^2 = 6$ で統一しているのは注目すべき点である．

4. 式 (2.10) の $E\left(\chi^2\right)$ の下界を求めると 1.780 になる．一方，この計画では $E\left(\chi^2\right) = 2.10$ であり，大きな差はない．飽和度 $v$ が整数でない場合には下界の性質がよくないために，この違いが生じている可能性がある．また，$E\left(\chi^2\right) = 2.10$ とは $\chi^2 = 2$ を少し超えた程度であり，$\chi^2 = 2$ での組合せの出現頻度がすべて $2, 3, 4$ であることを考えると，バランスよく構成できている．

式 (2.7)，式 (2.10) をもとに考えると，表 2.1 が巧妙に構成されていることがわかる．タグチメソッドはさまざまな方法からなり，それらの中に

は，提案時に論拠が示されていないものの，後になってその正当性が示されたものがある．この殆直交表もその例とみなしうる．

## 2.5　混合水準過飽和実験計画

### 2.5.1　混合水準過飽和実験計画とは

これまでの議論を拡張し，2 水準の列と 3 水準の列など，異なる水準数からなる過飽和実験計画を考える．例えば $N = 12$ の実験計画について，表 2.3 をもとに，2 水準の列からなる計画 $\boldsymbol{X}^2 = \left(\boldsymbol{x}_1^2, \ldots, \boldsymbol{x}_{22}^2\right)$ を

$$\boldsymbol{X}^2 = \begin{pmatrix} 1&1&1&1&1&1&1&1&1&1&1&1&1&1&1&1&1&1&1&1&1&1 \\ 2&2&2&2&2&1&1&1&1&2&1&2&1&1&2&2&1&1&2&2&1&2 \\ 2&1&2&2&2&2&2&1&1&1&1&2&1&2&1&1&2&2&1&1&2&2 \\ 2&2&1&2&1&2&2&2&2&2&1&1&1&1&2&1&2&1&1&2&2&1 \\ 1&2&2&1&2&1&2&2&2&2&2&1&1&1&1&2&1&2&1&1&2&2 \\ 2&2&1&1&2&2&1&2&1&2&2&2&2&2&1&1&1&1&2&1&2&1 \\ 1&2&2&1&1&2&2&1&2&1&2&2&2&2&2&1&1&1&1&2&1&2 \\ 2&1&1&2&2&1&1&2&2&1&2&1&2&2&2&2&2&1&1&1&1&2 \\ 2&1&2&1&1&2&2&1&1&2&2&1&2&1&2&2&2&2&2&1&1&1 \\ 1&2&1&2&1&1&2&2&1&1&2&2&1&2&1&2&2&2&2&2&1&1 \\ 1&1&2&1&2&1&1&2&2&1&1&2&2&1&2&1&2&2&2&2&2&1 \\ 1&1&1&2&1&2&1&1&2&2&1&1&2&2&1&2&1&2&2&2&2&2 \end{pmatrix}$$

とする．また，3 水準列からなる計画を $\boldsymbol{X}^3 = \left(\boldsymbol{x}_1^3, \ldots, \boldsymbol{x}_7^3\right)$ を

$$\boldsymbol{X}^3 = \begin{pmatrix} 1&1&1&1&1&1&1 \\ 1&1&1&1&1&1&1 \\ 1&1&1&1&1&2&2 \\ 1&2&2&2&2&1&1 \\ 2&1&2&2&3&2&3 \\ 3&3&2&3&2&2&1 \\ 2&2&2&3&1&3&2 \\ 2&3&3&2&2&1&2 \\ 2&3&3&3&3&3&3 \\ 3&2&3&1&2&2&3 \\ 3&2&3&3&3&3&2 \\ 3&3&1&2&3&3&3 \end{pmatrix}$$

とする．これにより，22 の 2 水準列と 7 の 3 水準列からなる混合水準過飽和実験計画 $\boldsymbol{X} = \left(\boldsymbol{X}^2, \boldsymbol{X}^3\right)$ となる．

これを一般化し，$q$ 種類の水準 $l_1, \ldots, l_q$ からなる計画を考える．実験回数 $N$ で $l_j$ 水準の $p_j$ 個の列ベクトル $\boldsymbol{x}_i^{l_j}$ からなる $(N \times p_j)$ の計画行列を

$$\boldsymbol{X}_j^{l_j} = \left(\boldsymbol{x}_1^{l_j}, \ldots, \boldsymbol{x}_{p_j}^{l_j}\right)$$

とし，これらを $j = 1, \ldots, q$ について並べた $\left(N \times \sum_{j=1}^{q} p_j\right)$ の計画行列である

$$\boldsymbol{X} = \left(\boldsymbol{X}_1^{l_1}, \ldots, \boldsymbol{X}_q^{l_q}\right) = \left(\boldsymbol{x}_1^{l_1}, \ldots, \boldsymbol{x}_{p_q}^{l_q}\right)$$

という**混合水準過飽和実験計画** (mixed-level supersaturated design) $\boldsymbol{X}$ を考える．また，計画の飽和度は

$$v = \frac{\sum_{j=1}^{q} p_j \left(l_j - 1\right)}{N - 1} \tag{2.11}$$

となる．先の例では，$q = 2, l_1 = 2, l_2 = 3, p_1 = 22, p_2 = 7$ であり，

$$v = \frac{22 \times (2-1) + 7 \times (3-1)}{12 - 1} = 3.273$$

となる．

列間の交絡度合いは，多水準過飽和実験計画と同様に $\chi^2$ 値により評価する．例えば，

$$\boldsymbol{x}_1^2 = \begin{pmatrix} 1\\2\\2\\2\\1\\2\\1\\2\\2\\1\\1\\1 \end{pmatrix},\ \boldsymbol{x}_2^2 = \begin{pmatrix} 1\\2\\1\\2\\2\\2\\2\\1\\1\\2\\1\\1 \end{pmatrix},\ \boldsymbol{x}_1^3 = \begin{pmatrix} 1\\1\\1\\1\\2\\3\\2\\2\\2\\3\\3\\3 \end{pmatrix},\ \boldsymbol{x}_2^3 = \begin{pmatrix} 1\\1\\1\\2\\1\\3\\2\\3\\3\\2\\2\\3 \end{pmatrix}$$

とすると，$\left(\boldsymbol{x}_1^2, \boldsymbol{x}_2^2\right)$, $\left(\boldsymbol{x}_1^2, \boldsymbol{x}_1^3\right)$, $\left(\boldsymbol{x}_1^3, \boldsymbol{x}_2^3\right)$ の2元表はそれぞれ，

| $\boldsymbol{x}_1^2 \backslash \boldsymbol{x}_2^2$ | 1 | 2 | 計 |
|---|---|---|---|
| 1 | 3 | 3 | 6 |
| 2 | 3 | 3 | 6 |
| 計 | 6 | 6 | 12 |

| $\boldsymbol{x}_1^2 \backslash \boldsymbol{x}_1^3$ | 1 | 2 | 3 | 計 |
|---|---|---|---|---|
| 1 | 1 | 2 | 3 | 6 |
| 2 | 3 | 2 | 1 | 6 |
| 計 | 4 | 4 | 4 | 12 |

| $\boldsymbol{x}_1^3 \backslash \boldsymbol{x}_2^3$ | 1 | 2 | 3 | 計 |
|---|---|---|---|---|
| 1 | 3 | 1 | 0 | 4 |
| 2 | 1 | 1 | 2 | 4 |
| 3 | 0 | 2 | 2 | 4 |
| 計 | 4 | 4 | 4 | 12 |

となる．これらをもとに $\chi^2$ 値を求めると

$$\begin{aligned}
\chi^2\left(\boldsymbol{x}_1^2, \boldsymbol{x}_2^2\right) &= \tfrac{9\times(3-12/4)^2}{12/4} = 0\\
\chi^2\left(\boldsymbol{x}_1^2, \boldsymbol{x}_1^3\right) &= \tfrac{2\times(3-12/6)^2+2\times(2-12/6)^2+2\times(1-12/6)^2}{12/6} = 2\\
\chi^2\left(\boldsymbol{x}_2^3, \boldsymbol{x}_3^3\right) &= \tfrac{1\times(3-12/9)^2+3\times(2-12/9)^2+3\times(1-12/9)^2+2\times(0-12/9)^2}{12/9} = 6
\end{aligned}$$

となる．これらの数値例からもわかるとおり，$\chi^2$ 値が交絡度合いを評価する尺度になる．

### 2.5.2　計画全体の直交性の評価

水準数の組合せが異なる場合には，$\chi^2$ 値の大小による直接的な比較はできない．例えば実験回数 $N = 12$，それぞれの水準が同数回現れるとすると，2水準列と2水準列の場合，$\chi^2\left(\boldsymbol{x}_i^2, \boldsymbol{x}_j^2\right)$ のとりうる値は $\{0, 4/3, 16/3, 12\}$ である．同様に，2水準列と3水準列の場合には $\chi^2\left(\boldsymbol{x}_i^2, \boldsymbol{x}_j^3\right)$ のとりうる値は $\{0, 2, 6, 8\}$，3水準列と3水準列の場合には

$\chi^2\left(\boldsymbol{x}_i^3, \boldsymbol{x}_j^3\right)$ のとりうる値は $\{1.5, 3.0, 6.0, 10.5, 12.0, 15.0, 24.0\}$ となる．このように，水準数の組合せにより $\chi^2$ 値のとりうる値が異なる点を考慮し，計画全体を評価する必要がある．

この点に関し，実験回数 $N$，それぞれの列で水準が同数回現れる飽和度 $v$ の過飽和実験計画 $\boldsymbol{X} = (\boldsymbol{x}_1, \ldots, \boldsymbol{x}_p)$ について，$\chi^2$ 値の合計

$$\chi^2(\boldsymbol{X}) = \sum_{i=1}^{p-1} \sum_{j=i+1}^{p} \chi^2(\boldsymbol{x}_i, \boldsymbol{x}_j)$$

に対して

$$\chi^2(\boldsymbol{X}) \geq \frac{1}{2} v (v-1) N (N-1) \tag{2.12}$$

が成り立つ．これは，多水準過飽和実験計画の $E\left(\chi^2\right)$ 値の下界を示した式 (2.10) を，混合水準過飽和実験計画に一般化している．なお，水準数 $l_i$，列数 $q_i$ のそれぞれには依存せず $v$ のみに依存するので，$\boldsymbol{x}$ の水準数の上付き添え字を省略している．上式において等式が成り立てば，$\chi^2$ 値の合計が最小な計画となる (Yamada and Matsui, 2002)．

先の $N = 12, l_1 = 2, l_2 = 3, p_1 = 22, p_2 = 7$ の混合水準過飽和実験計画 $\boldsymbol{X} = \left(\boldsymbol{X}^2, \boldsymbol{X}^3\right)$ の場合には，$\boldsymbol{X}^2$，$\boldsymbol{X}^3$ の飽和度はそれぞれ $\frac{22\times(2-1)}{12-1} = 2$，$\frac{7\times(3-1)}{12-1} = 1.273$，計画全体では 3.273 である．$\chi^2$ の合計を，2 水準列間，3 水準列間，2 水準と 3 水準列間で求めると，それぞれ

$$\begin{aligned}
\textstyle\sum_{i=1}^{21} \sum_{j=i+1}^{22} \chi^2\left(\boldsymbol{x}_i^2, \boldsymbol{x}_j^2\right) &= 132 \\
\textstyle\sum_{i=1}^{6} \sum_{j=i+1}^{7} \chi^2\left(\boldsymbol{x}_i^3, \boldsymbol{x}_j^3\right) &= 106.5 \\
\textstyle\sum_{i=1}^{22} \sum_{j=1}^{7} \chi^2\left(\boldsymbol{x}_i^2, \boldsymbol{x}_j^3\right) &= 336
\end{aligned}$$

となる．

混合水準過飽和実験計画 $\boldsymbol{X} = \left(\boldsymbol{X}^2, \boldsymbol{X}^3\right)$ 全体で見ると，$\chi^2$ の合計が 574.5 である．一方，$\chi^2$ 値の合計の下界は式 (2.12) より 491.01 であり，$\boldsymbol{X} = \left(\boldsymbol{X}^2, \boldsymbol{X}^3\right)$ 全体では下界よりも大きな値となっている．

このうち，2 水準過飽和実験計画 $\boldsymbol{X}^2$ について，$\chi^2$ 値の合計の下界は式 (2.12) より $\frac{1}{2} 2 (2-1) 12 (12-1) = 132$ である．この値は，上記の

$\sum_{i=1}^{21}\sum_{j=i+1}^{22}\chi^2\left(\boldsymbol{x}_i^2, \boldsymbol{x}_j^2\right)$ に等しいので，$\boldsymbol{X}^2$ は $\chi^2$ 値の合計が最小な過飽和実験計画である．

これに対して，3 水準過飽和実験計画 $\boldsymbol{X}^3$ について，合計値は 106.5 であり，$\chi^2$ 値の合計の下界 22.94 から大きな隔たりがある．これから，3 水準の過飽和実験計画が $\chi^2$ の合計を小さくする点からは必ずしも構成がうまくいっていないことがわかる．

$E\left(s^2\right)$ を最小化する 2 水準過飽和実験計画については，改善された下界などさまざまな議論がされている．これに対して，$\chi^2$ の合計を最小化する混合水準や多水準の過飽和実験計画については，十分な議論がされていない．

# 第 3 章

# 過飽和実験計画の構成と評価

## 3.1 行の入れ替えによる構成とその評価

### 3.1.1 確率対応法

過飽和実験計画の構成を体系的に論じたのは，Satterthwaite (1962) が始まりであり，計画全体をランダムサーチにより構成している．それに続く田口 (1977) の確率対応法では，2 つの直交計画を用意し，これらの行をランダムに対応させ，過飽和実験計画を構成している．さらに，この計画に基づきデータを収集し，その解析をしている．解析法の詳細は第 4 章で述べることとし，ここでは計画の構成方法の概要を示す．具体的には，7 つの 3 水準因子とそれらからなる 3 つの 2 因子交互作用により，実験回数 $N = 27$ の直交計画 $\boldsymbol{X}_1^3 = \left(\boldsymbol{x}_1^3, \ldots, \boldsymbol{x}_{13}^3\right)$ を直交表 $L_{27}\left(3^{13}\right)$ を用いて求める．次に，4 つの因子と 3 つの 2 因子交互作用からなる $N = 27$ の直交計画 $\boldsymbol{X}_2^3 = \left(\boldsymbol{x}_{14}^3, \ldots, \boldsymbol{x}_{23}^3\right)$ を同様に求める．その際，3 水準因子の 2 因子交互作用は 2 つの列で表現するので $\boldsymbol{X}_1^3$ が 13 列，$\boldsymbol{X}_2^3$ が 10 列の計画となる．そして $\boldsymbol{X}_1^3$ の行と，$\boldsymbol{X}_2^3$ の行をランダムに対応させる．例えば，$\boldsymbol{X}_1^3$ の第 1 行と $\boldsymbol{X}_2^3$ の第 3 行を対に，$\boldsymbol{X}_1^2$ の第 2 行と $\boldsymbol{X}_2^3$ の第 4 行を対に，$\boldsymbol{X}_1^2$ の第 3 行と $\boldsymbol{X}_2^3$ の第 15 行を対にしている．このようにしてすべての対をランダムに求めているので，確率対応法と呼んでいると思われる．

表 2.1 の殆直交表では，直交計画の行をランダムに対応させるのではな

く，2 つの直交計画の間の部分的な交絡が好ましくなるように対応させている．すなわち，直交表 $L_{27}(3^{13})$ をもとに，$\boldsymbol{X}_1^3 = (\boldsymbol{x}_1^3, \ldots, \boldsymbol{x}_{13}^3)$ を構成し，次に $L_{27}(3^{13})$ から 9 列を選び 3 水準直交計画を構成し，この計画の行を入れ替えたものを $\boldsymbol{X}_2^3 = (\boldsymbol{x}_{14}^3, \ldots, \boldsymbol{x}_{22}^3)$ とする．さらに，$\boldsymbol{X}^3 = (\boldsymbol{X}_1^3, \boldsymbol{X}_2^3)$ とし，$(27 \times 22)$ の 3 水準過飽和実験計画を構成している．このように行を入れ替えた直交計画を追加している点は推察できるが，前章で述べたバランスのよい計画を実現する入れ替え方の詳細は述べられていない．

### 3.1.2　行の入れ替えの基本的な考え方

議論の見通しをよくするために，まずは，2 水準過飽和実験計画を考える．その際，簡便さのため水準数をあらわす上付き添え字である $^2$ を省略する．行の入れ替えによる 2 水準過飽和実験計画の構成では，直交する $(N \times p)$ 行列 $\boldsymbol{X}$ をあらかじめ構成し，その行を入れ替えた行列を $\boldsymbol{X}$ に追加し，過飽和実験計画を構成する．行の入れ替えをあらわす $(N \times N)$ 行列を $\boldsymbol{H}_2$ とすると，

$$(\boldsymbol{X}, \boldsymbol{H}_2\boldsymbol{X})$$

により，$(N \times 2p)$ の過飽和実験計画が構成できる．例えば，実験回数 $N = 8$，列数 $2(8-1) = 14$ の過飽和実験計画を考える．直交する 7 列からなる実験回数 8 の計画

$$\boldsymbol{X} = \begin{pmatrix} -1 & -1 & -1 & -1 & 1 & 1 & 1 \\ -1 & -1 & 1 & 1 & -1 & -1 & 1 \\ -1 & 1 & -1 & 1 & -1 & 1 & -1 \\ -1 & 1 & 1 & -1 & 1 & -1 & -1 \\ 1 & -1 & -1 & 1 & 1 & -1 & -1 \\ 1 & -1 & 1 & -1 & -1 & 1 & -1 \\ 1 & 1 & -1 & -1 & -1 & -1 & 1 \\ 1 & 1 & 1 & 1 & 1 & 1 & 1 \end{pmatrix}$$

に，この行の入れ替えをあらわす $(8 \times 8)$ の行列

$$
\boldsymbol{H}_2 = \begin{pmatrix}
0 & 0 & 0 & 0 & 0 & 1 & 0 & 0 \\
0 & 0 & 0 & 0 & 1 & 0 & 0 & 0 \\
1 & 0 & 0 & 0 & 0 & 0 & 0 & 0 \\
0 & 0 & 0 & 1 & 0 & 0 & 0 & 0 \\
0 & 1 & 0 & 0 & 0 & 0 & 0 & 0 \\
0 & 0 & 1 & 0 & 0 & 0 & 0 & 0 \\
0 & 0 & 0 & 0 & 0 & 0 & 0 & 1 \\
0 & 0 & 0 & 0 & 0 & 0 & 1 & 0
\end{pmatrix}
$$

により，

$$
(\boldsymbol{X}, \boldsymbol{H}_2\boldsymbol{X})
$$

として構成した実験回数 8，列数 $2\,(7-1)=14$ の過飽和実験計画は

$$
\left(\begin{array}{rrrrrrr|rrrrrrr}
-1 & -1 & -1 & -1 & 1 & 1 & 1 & 1 & -1 & 1 & -1 & -1 & 1 & -1 \\
-1 & -1 & 1 & 1 & -1 & -1 & 1 & 1 & -1 & -1 & 1 & 1 & -1 & -1 \\
-1 & 1 & -1 & 1 & -1 & 1 & -1 & -1 & -1 & -1 & -1 & 1 & 1 & 1 \\
-1 & 1 & 1 & -1 & 1 & -1 & -1 & -1 & 1 & 1 & -1 & 1 & -1 & -1 \\
1 & -1 & -1 & 1 & 1 & -1 & -1 & -1 & -1 & 1 & 1 & -1 & -1 & 1 \\
1 & -1 & 1 & -1 & -1 & 1 & -1 & -1 & 1 & -1 & 1 & -1 & 1 & -1 \\
1 & 1 & -1 & -1 & -1 & -1 & 1 & 1 & 1 & 1 & 1 & 1 & 1 & 1 \\
1 & 1 & 1 & 1 & 1 & 1 & 1 & 1 & 1 & -1 & -1 & -1 & -1 & 1
\end{array}\right)
$$

となる．なお，元の行列 $\boldsymbol{X}$ と行の入れ替えで構成した $\boldsymbol{H}_2\boldsymbol{X}$ の区切りに縦線を入れている．

### 3.1.3　$E\left(s^2\right)$ 最適な計画 $(N=12)$

**行の入れ替えによる $E\left(s^2\right)$ の最適性**

2.3.2 項で説明したとおり，各列に $1,-1$ が $N/2$ 個ずつ含まれる 2 水準の $(N\times(N-1))$ 直交計画を $t$ 個並べると，$E\left(s^2\right)$ 最適な $(N\times t\,(N-1))$ の過飽和実験計画が構成できる．この $t$ 個の直交計画の生成を，行の入れ替えで体系的に行う (Tang and Wu, 1997)．各列に $1,-1$ が $N/2$ 個ずつ含まれることをもとに，直交計画の個数 $t$ と行の入れ替えをあらわす $\boldsymbol{H}_j$ により，$(N\times t\,(N-1))$ の過飽和実験計画 $\boldsymbol{X}$ を $(\boldsymbol{X}, \boldsymbol{H}_2\boldsymbol{X}, \ldots, \boldsymbol{H}_t\boldsymbol{X})$ により構成する．このとき，$\boldsymbol{H}_j$ の選び方によらず $\boldsymbol{X}$ は $E\left(s^2\right)$ が最適

な過飽和実験計画となる．これは，式(2.3)と式(2.4)から導くことができる．

例えば，$N$ 行で互いに列が直交する $N-1$ 列の飽和実験計画 $\boldsymbol{X}$ に，$-1$ と 1 が $N/2$ ずつ含まれる列 $\boldsymbol{x}$ を追加して $N$ 列の過飽和実験計画を構成すると，式(2.4)により，$\boldsymbol{x}$ の選び方によらず $\boldsymbol{X}$ の列と $\boldsymbol{x}$ の内積の2乗和は $N^2$ という一定の値となる．これと同様に，互いに列が直交する $N-1$ 列の飽和実験計画 $\boldsymbol{X}_1$ に，$N$ 行で互いに列が直交する $N-1$ 列の飽和実験計画 $\boldsymbol{X}_2$ を追加し，$(\boldsymbol{X}_1, \boldsymbol{X}_2)$ として $(N \times 2\,(N-1))$ 列の過飽和実験計画を構成すると，$\boldsymbol{X}_2$ に含まれる列 $\boldsymbol{x}_i$ と $\boldsymbol{X}_1$ に含まれる $N-1$ のそれぞれの列との内積の2乗和は式(2.4)により $N^2$ となる．したがって，$\boldsymbol{X}_1$ に含まれる列と $\boldsymbol{X}_2$ に含まれる列の内積の2乗和は，$N^2(N-1)$ となる．さらに，$\boldsymbol{X}_1$ 内の任意の2列，$\boldsymbol{X}_2$ 内の任意の2列の内積は0である．したがって，$(\boldsymbol{X}_1, \boldsymbol{X}_2)$ の内積の2乗和は $N^2\,(N-1)$ となる．この $2\,(N-1)$ 列からなる過飽和実験計画には，$(N-1)\,(2N-3)$ の列の組があるので，

$$E\left(s^2\right) = \frac{N^2\,(N-1)}{(N-1)\,(2N-3)} = \frac{N^2}{(2N-3)}$$

となる．一方，式(2.3)の下界に $p = 2\,(N-1)$ を代入すると，$N^2/(2N-3)$ となり，この計画が $E\left(s^2\right)$ の下界に等しく，$E\left(s^2\right)$ を最小化することがわかる．上記の $t=2$ での誘導は，一般の $t$ に容易に展開できる．

**構成例**

$(12 \times 11)$ の直交計画

$$
\boldsymbol{X} = \begin{pmatrix}
1 & 1 & 1 & 1 & 1 & 1 & 1 & 1 & 1 & 1 & 1 \\
-1 & 1 & -1 & 1 & 1 & 1 & -1 & -1 & -1 & 1 & -1 \\
-1 & -1 & 1 & -1 & 1 & 1 & 1 & -1 & -1 & -1 & 1 \\
1 & -1 & -1 & 1 & -1 & 1 & 1 & 1 & -1 & -1 & -1 \\
-1 & 1 & -1 & -1 & 1 & -1 & 1 & 1 & 1 & -1 & -1 \\
-1 & -1 & 1 & -1 & -1 & 1 & -1 & 1 & 1 & 1 & -1 \\
-1 & -1 & -1 & 1 & -1 & -1 & 1 & -1 & 1 & 1 & 1 \\
1 & -1 & -1 & -1 & 1 & -1 & -1 & 1 & -1 & 1 & 1 \\
1 & 1 & -1 & -1 & -1 & 1 & -1 & -1 & 1 & -1 & 1 \\
1 & 1 & 1 & -1 & -1 & -1 & 1 & -1 & -1 & 1 & -1 \\
-1 & 1 & 1 & 1 & -1 & -1 & -1 & 1 & -1 & -1 & 1 \\
1 & -1 & 1 & 1 & 1 & -1 & -1 & -1 & 1 & -1 & -1
\end{pmatrix}
$$

をもとに，行の入れ替えをあらわす行列 $\boldsymbol{H}_2, \boldsymbol{H}_3$ により $(12 \times 33)$ の過飽和実験計画を

$$
(\boldsymbol{X}, \boldsymbol{H}_2\boldsymbol{X}, \boldsymbol{H}_3\boldsymbol{X})
$$

により構成する．この計画について，列間の内積からなる行列は，

$$
\left(\begin{array}{c|c|c}
\boldsymbol{X}^\top\boldsymbol{X} & \boldsymbol{X}^\top\boldsymbol{H}_2\boldsymbol{X} & \boldsymbol{X}^\top\boldsymbol{H}_3\boldsymbol{X} \\ \hline
\boldsymbol{X}^\top\boldsymbol{H}_2^\top\boldsymbol{X} & \boldsymbol{X}^\top\boldsymbol{H}_2^\top\boldsymbol{H}_2\boldsymbol{X} & \boldsymbol{X}^\top\boldsymbol{H}_2^\top\boldsymbol{H}_3\boldsymbol{X} \\ \hline
\boldsymbol{X}^\top\boldsymbol{H}_3^\top\boldsymbol{X} & \boldsymbol{X}^\top\boldsymbol{H}_3^\top\boldsymbol{H}_2\boldsymbol{X} & \boldsymbol{X}^\top\boldsymbol{H}_3^\top\boldsymbol{H}_3\boldsymbol{X}
\end{array}\right)
$$

となる．過飽和実験計画を構成する $\boldsymbol{X}$, $\boldsymbol{H}_2\boldsymbol{X}$, $\boldsymbol{H}_3\boldsymbol{X}$ のそれぞれが直交計画なので，$\boldsymbol{X}^\top\boldsymbol{X}$, $\boldsymbol{X}^\top\boldsymbol{H}_2^\top\boldsymbol{H}_2\boldsymbol{X}$, $\boldsymbol{X}^\top\boldsymbol{H}_3^\top\boldsymbol{H}_3\boldsymbol{X}$ は，すべて

$$
N\boldsymbol{I}_N = 12\boldsymbol{I}_{12}
$$

となる．この直交性は，$\boldsymbol{H}_2$, $\boldsymbol{H}_3$ の具体的な配置に依存せず，$\boldsymbol{H}_2$, $\boldsymbol{H}_3$ が行の入れ替え行列であれば常に成り立つ．Tang and Wu (1997) では，交絡が大きな組合せが少ない行の入れ替え行列を数値的に探索している．$N = 12$ の場合，2 つの列ベクトルの内積 $s_{ij}$ についてとりうる値は $\{0, \pm 4, \pm 8, \pm 12\}$ である．列間が完全交絡するのは $s_{ij} = \pm 12$ であり，このような列の組合せはないようにし，さらに $s_{ij} = \pm 8$ となる組合せを少なくするように，数値的に行の入れ替え行列を探索している．その結果の

一部として，下記に示す行の入れ替え行列 $\boldsymbol{H}_2, \boldsymbol{H}_3$ を導いている．

$$
\boldsymbol{H}_2 = \begin{pmatrix}
1&0&0&0&0&0&0&0&0&0&0&0\\
0&1&0&0&0&0&0&0&0&0&0&0\\
0&0&1&0&0&0&0&0&0&0&0&0\\
0&0&0&1&0&0&0&0&0&0&0&0\\
0&0&0&0&0&0&1&0&0&0&0&0\\
0&0&0&0&0&1&0&0&0&0&0&0\\
0&0&0&0&0&0&0&1&0&0&0&0\\
0&0&0&0&0&0&0&0&0&1&0&0\\
0&0&0&0&0&0&0&0&0&0&0&1\\
0&0&0&0&1&0&0&0&0&0&0&0\\
0&0&0&0&0&0&0&0&1&0&0&0\\
0&0&0&0&0&0&0&0&0&0&1&0
\end{pmatrix}, \boldsymbol{H}_3 = \begin{pmatrix}
1&0&0&0&0&0&0&0&0&0&0&0\\
0&0&0&0&1&0&0&0&0&0&0&0\\
0&1&0&0&0&0&0&0&0&0&0&0\\
0&0&0&0&0&1&0&0&0&0&0&0\\
0&0&0&0&0&0&0&0&0&1&0&0\\
0&0&0&0&0&0&0&0&1&0&0&0\\
0&0&0&1&0&0&0&0&0&0&0&0\\
0&0&0&0&0&0&1&0&0&0&0&0\\
0&0&1&0&0&0&0&0&0&0&0&0\\
0&0&0&0&0&0&0&0&0&0&1&0\\
0&0&0&0&0&0&0&1&0&0&0&0\\
0&0&0&0&0&0&0&0&0&0&0&1
\end{pmatrix}
$$

直交計画 $\boldsymbol{X}$ と行を入れ替えた計画 $\boldsymbol{H}_2\boldsymbol{X}$ について，内積からなる行列は

$$
\boldsymbol{X}^\top \boldsymbol{H}_2 \boldsymbol{X} = \begin{pmatrix}
4&4&4&4&0&-4&4&4&0&-4&-4\\
0&4&-4&4&4&0&0&-4&8&0&0\\
-4&4&4&-4&0&4&0&4&4&-4&4\\
4&4&-4&4&0&4&-4&4&-4&0&4\\
-4&4&4&4&0&0&4&-4&-4&4&4\\
0&-4&4&4&4&8&0&0&0&0&-4\\
0&-4&-4&0&4&0&8&4&0&0&4\\
4&0&0&0&-8&4&4&0&4&4&0\\
0&-4&4&4&0&-4&-4&4&4&4&4\\
0&4&0&-4&4&0&0&4&0&8&-4\\
8&0&4&-4&4&0&0&-4&0&0&4
\end{pmatrix}
$$

となる．前章の式 (2.4) より，$-1, 1$ が同数回含まれる $N-1$ 列の直交計画 $\boldsymbol{X}$ と，$-1, 1$ が同数回含まれる任意のベクトル $\boldsymbol{x}$ の内積の 2 乗和が $12^2 = 144$ となる．したがって，この行列を列方向，あるいは行方向で考えると，11 の $s_{ij}$ の $0, \pm4, \pm8$ の出現個数は，$(2, 9, 0)$ または $(5, 5, 1)$ となる．これと同様に，$\boldsymbol{X}^\top \boldsymbol{H}_3 \boldsymbol{X}$, $\boldsymbol{X}^\top \boldsymbol{H}_2^\top \boldsymbol{H}_3 \boldsymbol{X}$ も要素が $0, \pm4, \pm8$ の行列となり，$0, \pm4, \pm8$ の出現個数は $(2, 9, 0)$ または $(5, 5, 1)$ となる．このように，完全交絡する列の組合せが含まれていない．また，行の入れ替え行列の選び方によっては，$(8, 1, 2)$ のように $\pm8$ が 2 つ含まれる場合も

あるが，これも $(\boldsymbol{X}, \boldsymbol{H}_2\boldsymbol{X}, \boldsymbol{H}_3\boldsymbol{X})$ には含まれておらず，交絡の大きな組合せを減らしているという性質がある．

### 3.1.4　$E\left(s^2\right)$ 最適な計画 $(N = 20)$

下記の実験回数 $N = 20$ のプラケット・バーマン計画

$$
\begin{pmatrix}
1 & 1 & 1 & 1 & 1 & 1 & 1 & 1 & 1 & 1 & 1 & 1 & 1 & 1 & 1 & 1 & 1 & 1 & 1 \\
-1 & -1 & 1 & 1 & -1 & -1 & -1 & -1 & 1 & -1 & 1 & -1 & 1 & 1 & 1 & 1 & -1 & -1 & 1 \\
1 & -1 & -1 & 1 & 1 & -1 & -1 & -1 & -1 & 1 & -1 & 1 & -1 & 1 & 1 & 1 & 1 & -1 & -1 \\
-1 & 1 & -1 & -1 & 1 & 1 & -1 & -1 & -1 & -1 & 1 & -1 & 1 & -1 & 1 & 1 & 1 & 1 & -1 \\
-1 & -1 & 1 & -1 & -1 & 1 & 1 & -1 & -1 & -1 & -1 & 1 & -1 & 1 & -1 & 1 & 1 & 1 & 1 \\
1 & -1 & -1 & 1 & -1 & -1 & 1 & 1 & -1 & -1 & -1 & -1 & 1 & -1 & 1 & -1 & 1 & 1 & 1 \\
1 & 1 & -1 & -1 & 1 & -1 & -1 & 1 & 1 & -1 & -1 & -1 & -1 & 1 & -1 & 1 & -1 & 1 & 1 \\
1 & 1 & 1 & -1 & -1 & 1 & -1 & -1 & 1 & 1 & -1 & -1 & -1 & -1 & 1 & -1 & 1 & -1 & 1 \\
1 & 1 & 1 & 1 & -1 & -1 & 1 & -1 & -1 & 1 & 1 & -1 & -1 & -1 & -1 & 1 & -1 & 1 & -1 \\
-1 & 1 & 1 & 1 & 1 & -1 & -1 & 1 & -1 & -1 & 1 & 1 & -1 & -1 & -1 & -1 & 1 & -1 & 1 \\
1 & -1 & 1 & 1 & 1 & 1 & -1 & -1 & 1 & -1 & -1 & 1 & 1 & -1 & -1 & -1 & -1 & 1 & -1 \\
-1 & 1 & -1 & 1 & 1 & 1 & 1 & -1 & -1 & 1 & -1 & -1 & 1 & 1 & -1 & -1 & -1 & -1 & 1 \\
1 & -1 & 1 & -1 & 1 & 1 & 1 & 1 & -1 & -1 & 1 & -1 & -1 & 1 & 1 & -1 & -1 & -1 & -1 \\
-1 & 1 & -1 & 1 & -1 & 1 & 1 & 1 & 1 & -1 & -1 & 1 & -1 & -1 & 1 & 1 & -1 & -1 & -1 \\
-1 & -1 & 1 & -1 & 1 & -1 & 1 & 1 & 1 & 1 & -1 & -1 & 1 & -1 & -1 & 1 & 1 & -1 & -1 \\
-1 & -1 & -1 & 1 & -1 & 1 & -1 & 1 & 1 & 1 & 1 & -1 & -1 & 1 & -1 & -1 & 1 & 1 & -1 \\
-1 & -1 & -1 & -1 & 1 & -1 & 1 & -1 & 1 & 1 & 1 & 1 & -1 & -1 & 1 & -1 & -1 & 1 & 1 \\
1 & -1 & -1 & -1 & -1 & 1 & -1 & 1 & -1 & 1 & 1 & 1 & 1 & -1 & -1 & 1 & -1 & -1 & 1 \\
1 & 1 & -1 & -1 & -1 & -1 & 1 & -1 & 1 & -1 & 1 & 1 & 1 & 1 & -1 & -1 & 1 & -1 & -1 \\
-1 & 1 & 1 & -1 & -1 & -1 & -1 & 1 & -1 & 1 & -1 & 1 & 1 & 1 & 1 & -1 & -1 & 1 & -1
\end{pmatrix}
$$

を $\boldsymbol{X}$ とする．この行列について，

$$12, 1, 2, 8, 3, 19, 6, 10, 14, 17, 4, 16, 5, 7, 18, 11, 9, 13, 20, 15$$

の順に行を並べ替えた計画 $\boldsymbol{H}_2\boldsymbol{X}$ を構成し，$(\boldsymbol{X}, \boldsymbol{H}_2\boldsymbol{X})$ とすると，これは $(20 \times 38)$ の過飽和実験計画となる．この計画は $E\left(s^2\right) = 10.81$ で下界に等しく，$E\left(s^2\right)$ 最適な過飽和実験計画であり，かつ，$s_{ij}^2$ が大きな列の組合せが少なくなるよう数値的に探索したものである (Tang and Wu, 1997)．この $(\boldsymbol{X}, \boldsymbol{H}_2\boldsymbol{X})$ について，$\boldsymbol{X}, \boldsymbol{H}_2\boldsymbol{X}$ のそれぞれは直交計画であり，部分交絡は $\boldsymbol{X}$ と $\boldsymbol{H}_2\boldsymbol{X}$ の間にのみ存在する．これらの行列

間の内積からなる $(19 \times 19)$ 行列 $\boldsymbol{X}^\top \boldsymbol{H}_2 \boldsymbol{X}$ において，直交する組合せは 121，内積が $\pm 4$ の組合せが 165，$\pm 8$ が 73，$\pm 12$ が 2 となる．このうち，$\pm 8$，$\pm 12$ は部分交絡が大きいともいえる一方，$\pm 12$ は全体の 2/361 という少ない割合ともいえる．この行の入れ替え行列は，数値的な探索により導かれたものであり，この 2/361 が最小であるかなどの理論的な側面は導かれていない．

### 3.1.5 3 水準過飽和実験計画の構成

2 水準過飽和実験計画と同様に，多水準過飽和実験計画，混合水準過飽和実験計画について，飽和度 $v = 1$ の直交計画の行の入れ替えで構成する過飽和実験計画は，$\chi^2$ の和が最小になる (Yamada and Matsui, 2002)．なお，表 2.1 の殆直交表は，行の入れ替えにより構成しているものの，飽和度 $v < 1$ の計画を追加しているため，式 (2.10) の下界では最適性が説明できない．

表 2.4 に示す $(9 \times 12)$ 過飽和実験計画は，直交する最初の 4 列からなる

$$\boldsymbol{X}^3 = \begin{pmatrix} 1 & 1 & 1 & 1 \\ 1 & 2 & 2 & 2 \\ 1 & 3 & 3 & 3 \\ 2 & 1 & 2 & 3 \\ 2 & 2 & 3 & 1 \\ 2 & 3 & 1 & 2 \\ 3 & 1 & 3 & 2 \\ 3 & 2 & 1 & 3 \\ 3 & 3 & 2 & 1 \end{pmatrix}$$

をもとに，

$$
\boldsymbol{H}_2 = \begin{pmatrix}
0&0&0&0&0&0&1&0&0\\
0&1&0&0&0&0&0&0&0\\
0&0&0&0&0&0&0&1&0\\
0&0&0&1&0&0&0&0&0\\
0&0&0&0&1&0&0&0&0\\
0&0&0&0&0&1&0&0&0\\
0&0&0&0&0&0&0&0&1\\
0&0&1&0&0&0&0&0&0\\
1&0&0&0&0&0&0&0&0
\end{pmatrix}, \quad
\boldsymbol{H}_3 = \begin{pmatrix}
0&1&0&0&0&0&0&0&0\\
0&0&0&1&0&0&0&0&0\\
0&0&0&0&0&0&1&0&0\\
0&0&0&0&0&0&0&1&0\\
1&0&0&0&0&0&0&0&0\\
0&0&1&0&0&0&0&0&0\\
0&0&0&0&0&0&0&0&1\\
0&0&0&0&1&0&0&0&0\\
0&0&0&0&0&1&0&0&0
\end{pmatrix}
$$

とし，$\left(\boldsymbol{X}^3, \boldsymbol{H}_2\boldsymbol{X}^3, \boldsymbol{H}_3\boldsymbol{X}^3\right)$ として構成した $(9 \times 12)$ 過飽和実験計画である．この過飽和実験計画では，列間の $\chi^2$ 値からなる行列は

$$
\left(\begin{array}{cccc|cccc|cccc}
18&0&0&0&10&4&0&4&4&4&4&6\\
0&18&0&0&4&4&10&0&4&6&4&4\\
0&0&18&0&4&6&4&4&6&4&4&4\\
0&0&0&18&0&4&4&10&4&4&6&4\\
\hline
10&4&4&0&18&0&0&0&10&0&4&4\\
4&4&6&4&0&18&0&0&0&10&4&4\\
0&10&4&4&0&0&18&0&4&4&4&6\\
4&0&4&10&0&0&0&18&4&4&6&4\\
\hline
4&4&6&4&10&0&4&4&18&0&0&0\\
4&6&4&4&0&10&4&4&0&18&0&0\\
4&4&4&6&4&4&4&6&0&0&18&0\\
6&4&4&4&4&4&6&4&0&0&0&18
\end{array}\right)
$$

となる．なお，第 [4], [8] 列に対応する列の右側と行の下側に線を入れている．これからも，$\boldsymbol{X}_1^3, \boldsymbol{H}_2\boldsymbol{X}^3, \boldsymbol{H}_3\boldsymbol{X}^3$ のそれぞれが直交計画であることがわかる．また，$\boldsymbol{X}^3, \boldsymbol{H}_2\boldsymbol{X}^3$ 間の直交性を $\chi^2$ 値でみると，対応する $(4 \times 4)$ の $\chi^2$ 値からなる行列は，行和，列和ともに 18 となる．これは，式 (2.7) に示すとおり，任意の 3 水準ベクトルと，飽和度 $v = 1$ の 3 水準直交計画に含まれる列ベクトルとの $\chi^2$ 値の和が一定値 $2N$ になることに基づく．

この計画の場合，$E\left(\chi^2\right)$ は $18 \times 4 \times 3/\left(12 \times 11/2\right) = 3.272$ である．一方，式 (2.10) の $E\left(\chi^2\right)$ の下界も 3.272 であり，行の入れ替えによって構成されたこの計画が，$E\left(\chi^2\right)$ を最小化する計画であることがわかる．

### 3.1.6　混合水準過飽和実験計画の構成

**$\chi^2$ の総和を最小化する例**

行の入れ替えによる構成方法は，複数の水準からなる混合水準過飽和実験計画にも適用でき，いくつかの条件を満たすときに $\chi^2$ の総和が最小な過飽和実験計画となる．例えば，実験回数 $N = 16$，列数 15 の 2 水準直交計画 $\boldsymbol{X}^2$，実験回数 $N = 16$，列数 5 の 4 水準直交計画 $\boldsymbol{X}^4$ を

$$\boldsymbol{X}^2 = \begin{pmatrix} 1&1&1&1&1&1&1&1&1&1&1&1&1&1&1 \\ 1&1&1&1&1&1&1&2&2&2&2&2&2&2&2 \\ 1&1&1&2&2&2&2&1&1&1&1&2&2&2&2 \\ 1&1&1&2&2&2&2&2&2&2&2&1&1&1&1 \\ 1&2&2&1&1&2&2&1&1&2&2&1&1&2&2 \\ 1&2&2&1&1&2&2&2&2&1&1&2&2&1&1 \\ 1&2&2&2&2&1&1&1&1&2&2&2&2&1&1 \\ 1&2&2&2&2&1&1&2&2&1&1&1&1&2&2 \\ 2&1&2&1&2&1&2&1&2&1&2&1&2&1&2 \\ 2&1&2&1&2&1&2&2&1&2&1&2&1&2&1 \\ 2&1&2&2&1&2&1&1&2&1&2&2&1&2&1 \\ 2&1&2&2&1&2&1&2&1&2&1&1&2&1&2 \\ 2&2&1&1&2&2&1&1&2&2&1&1&2&2&1 \\ 2&2&1&1&2&2&1&2&1&1&2&2&1&1&2 \\ 2&2&1&2&1&1&2&1&2&2&1&2&1&1&2 \\ 2&2&1&2&1&1&2&2&1&1&2&1&2&2&1 \end{pmatrix}, \quad \boldsymbol{X}^4 = \begin{pmatrix} 1&1&1&1&1 \\ 1&2&2&2&2 \\ 1&3&3&3&3 \\ 1&4&4&4&4 \\ 2&1&2&3&4 \\ 2&2&1&4&3 \\ 2&3&4&1&2 \\ 2&4&3&2&1 \\ 3&1&3&4&2 \\ 3&2&4&3&1 \\ 3&3&1&2&4 \\ 3&4&2&1&3 \\ 4&1&4&2&3 \\ 4&2&3&1&4 \\ 4&3&2&4&1 \\ 4&4&1&3&2 \end{pmatrix}$$

とする．なお前項までの記述と同様，2 水準の計画を $\boldsymbol{X}^2$，4 水準の計画を $\boldsymbol{X}^4$ のように水準数を上付きで表現する．行の入れ替えをあらわす $(16 \times 16)$ の行列 $\boldsymbol{H}^2, \boldsymbol{H}^4$ を用いて

$$\left(\boldsymbol{X}^2, \boldsymbol{H}^2\boldsymbol{X}^2, \boldsymbol{X}^4, \boldsymbol{H}^4\boldsymbol{X}^4\right)$$

とし，実験回数 $N = 16$，2 水準の列数 30，4 水準の列数 10 の過飽和実験計画を構成すると，$\chi^2$ 値の総和が最小な過飽和実験計画となる．この計画では，飽和度 $v$ は $(30 \times (2-1) + 10 \times (4-1)) / (16-1) = 4$ となる．また $\chi^2$ 値の総和の下界は

$$\frac{1}{2}v\,(v-1)\,N\,(N-1) = 1440$$

となる．

この計画 $\left(\boldsymbol{X}^2, \boldsymbol{H}^2\boldsymbol{X}^2, \boldsymbol{X}^4, \boldsymbol{H}^4\boldsymbol{X}^4\right)$ において，$\boldsymbol{X}^2, \boldsymbol{H}^2\boldsymbol{X}^2, \boldsymbol{X}^4$, $\boldsymbol{H}^4\boldsymbol{X}^4$ のそれぞれは直交計画である．したがって，それぞれ計画において列間の $\chi^2$ 値は 0 となり，$\chi^2$ 値の総和は 4 つの直交計画間の $\chi^2$ 値の和で決まる．

次に，$\boldsymbol{X}^2 = \left(\boldsymbol{x}_1^2, \ldots, \boldsymbol{x}_{15}^2\right)$ と $\boldsymbol{H}^2\boldsymbol{X}^2 = \left(\boldsymbol{H}\boldsymbol{x}_1^2, \ldots, \boldsymbol{H}\boldsymbol{x}_{15}^2\right)$ 間の $\chi^2$ 値について考える．$\boldsymbol{X}^2$ の第 $i$ 列ベクトル $\boldsymbol{x}_i^2$ と，$\boldsymbol{H}^2\boldsymbol{X}^2$ の第 $j$ 列ベクトル $\boldsymbol{H}^2\boldsymbol{x}_j^2$ の $\chi^2$ 統計量を $\chi^2\left(\boldsymbol{x}_i^2, \boldsymbol{H}^2\boldsymbol{x}_j^2\right)$ とすると，行の入れ替え行列 $\boldsymbol{H}^2$ の選び方によらず，

$$\sum_{i=1}^{15} \chi^2\left(\boldsymbol{x}_i^2, \boldsymbol{H}^2\boldsymbol{x}_j^2\right) = \sum_{j=1}^{15} \chi^2\left(\boldsymbol{x}_i^2, \boldsymbol{H}^2\boldsymbol{x}_j^2\right) = N(2-1) = 16$$

が成り立つ．これは，個々の $\chi^2\left(\boldsymbol{x}_i^2, \boldsymbol{H}^2\boldsymbol{x}_j^2\right)$ の値は $\boldsymbol{H}^2$ の選び方によって異なるが，列和，行和を考えると一定になることを意味する．その概要を次に示す．

| | $\boldsymbol{H}^2\boldsymbol{x}_1^2$ | $\ldots$ | $\boldsymbol{H}^2\boldsymbol{x}_j^2$ | $\ldots$ | $\boldsymbol{H}^2\boldsymbol{x}_{15}^2$ | 計 |
|---|---|---|---|---|---|---|
| $\boldsymbol{x}_1^2$ | $\chi^2\left(\boldsymbol{x}_1^2, \boldsymbol{H}^2\boldsymbol{x}_1^2\right)$ | $\ldots$ | $\chi^2\left(\boldsymbol{x}_1^2, \boldsymbol{H}^2\boldsymbol{x}_j^2\right)$ | $\ldots$ | $\chi^2\left(\boldsymbol{x}_1^2, \boldsymbol{H}^2\boldsymbol{x}_{15}^2\right)$ | 16 |
| $\vdots$ | $\vdots$ | | $\vdots$ | | $\vdots$ | $\vdots$ |
| $\boldsymbol{x}_i^2$ | $\chi^2\left(\boldsymbol{x}_i^2, \boldsymbol{H}^2\boldsymbol{x}_1^2\right)$ | $\ldots$ | $\chi^2\left(\boldsymbol{x}_i^2, \boldsymbol{H}^2\boldsymbol{x}_j^2\right)$ | $\ldots$ | $\chi^2\left(\boldsymbol{x}_i^2, \boldsymbol{H}^2\boldsymbol{x}_{15}^2\right)$ | 16 |
| $\vdots$ | $\vdots$ | | $\vdots$ | | $\vdots$ | $\vdots$ |
| $\boldsymbol{x}_{15}^2$ | $\chi^2\left(\boldsymbol{x}_{15}^2, \boldsymbol{H}^2\boldsymbol{x}_1^2\right)$ | $\ldots$ | $\chi^2\left(\boldsymbol{x}_{15}^2, \boldsymbol{H}^2\boldsymbol{x}_j^2\right)$ | $\ldots$ | $\chi^2\left(\boldsymbol{x}_{15}^2, \boldsymbol{H}^2\boldsymbol{x}_{15}^2\right)$ | 16 |
| 計 | 16 | $\ldots$ | 16 | $\ldots$ | 16 | 240 |

また，2 水準ベクトル $\boldsymbol{x}_i^2$ と 4 水準ベクトル $\boldsymbol{x}_j^4$ について，

$$\sum_{i=1}^{15} \chi^2\left(\boldsymbol{x}_i, \boldsymbol{x}_j^4\right) = N(4-1) = 48, \quad \sum_{j=1}^{5} \chi^2\left(\boldsymbol{x}_i, \boldsymbol{x}_j^4\right) = N = 16$$

となる．その概要を次に示す．

| | $\boldsymbol{x}_1^4$ | $\cdots$ | $\boldsymbol{x}_j^4$ | $\cdots$ | $\boldsymbol{x}_5^4$ | 計 |
|---|---|---|---|---|---|---|
| $\boldsymbol{x}_1^2$ | $\chi^2(\boldsymbol{x}_1^2, \boldsymbol{x}_1^4)$ | $\cdots$ | $\chi^2(\boldsymbol{x}_1^2, \boldsymbol{x}_j^4)$ | $\cdots$ | $\chi^2(\boldsymbol{x}_1^2, \boldsymbol{x}_5^4)$ | 16 |
| $\vdots$ | $\vdots$ | | $\vdots$ | | $\vdots$ | $\vdots$ |
| $\boldsymbol{x}_i^2$ | $\chi^2(\boldsymbol{x}_i^2, \boldsymbol{x}_1^4)$ | $\cdots$ | $\chi^2(\boldsymbol{x}_i^2, \boldsymbol{x}_j^4)$ | $\cdots$ | $\chi^2(\boldsymbol{x}_i^2, \boldsymbol{x}_5^4)$ | 16 |
| $\vdots$ | $\vdots$ | | $\vdots$ | | $\vdots$ | $\vdots$ |
| $\boldsymbol{x}_{15}^2$ | $\chi^2(\boldsymbol{x}_{15}^2, \boldsymbol{x}_1^4)$ | $\cdots$ | $\chi^2(\boldsymbol{x}_{15}^2, \boldsymbol{x}_j^4)$ | $\cdots$ | $\chi^2(\boldsymbol{x}_{15}^2, \boldsymbol{x}_5^4)$ | 16 |
| 計 | 48 | $\cdots$ | 48 | $\cdots$ | 48 | 240 |

さらに，4水準の計画 $\boldsymbol{X}^4$ と $\boldsymbol{H}^4\boldsymbol{X}^4$ について，

$$\sum_{i=1}^{5} \chi^2\left(\boldsymbol{x}_i^4, \boldsymbol{H}^4\boldsymbol{x}_j^4\right) = \sum_{j=1}^{5} \chi^2\left(\boldsymbol{x}_i, \boldsymbol{H}^4\boldsymbol{x}_j^4\right) = 48$$

が成り立つ．その概要を次に示す．

| | $\boldsymbol{H}^4\boldsymbol{x}_1^4$ | $\cdots$ | $\boldsymbol{H}^4\boldsymbol{x}_j^4$ | $\cdots$ | $\boldsymbol{H}^4\boldsymbol{x}_5^4$ | 計 |
|---|---|---|---|---|---|---|
| $\boldsymbol{x}_1^4$ | $\chi^2(\boldsymbol{x}_1, \boldsymbol{H}^4\boldsymbol{x}_1^4)$ | $\cdots$ | $\chi^2(\boldsymbol{x}_1, \boldsymbol{H}^4\boldsymbol{x}_j^4)$ | $\cdots$ | $\chi^2(\boldsymbol{x}_1, \boldsymbol{H}^4\boldsymbol{x}_5^4)$ | 48 |
| $\vdots$ | $\vdots$ | | $\vdots$ | | $\vdots$ | $\vdots$ |
| $\boldsymbol{x}_i^4$ | $\chi^2(\boldsymbol{x}_i, \boldsymbol{H}^4\boldsymbol{x}_1^4)$ | $\cdots$ | $\chi^2(\boldsymbol{x}_i, \boldsymbol{H}^4\boldsymbol{x}_j^4)$ | $\cdots$ | $\chi^2(\boldsymbol{x}_i, \boldsymbol{H}^4\boldsymbol{x}_5^4)$ | 48 |
| $\vdots$ | $\vdots$ | | $\vdots$ | | $\vdots$ | $\vdots$ |
| $\boldsymbol{x}_5^4$ | $\chi^2(\boldsymbol{x}_5, \boldsymbol{H}^4\boldsymbol{x}_1^4)$ | $\cdots$ | $\chi^2(\boldsymbol{x}_5, \boldsymbol{H}^4\boldsymbol{x}_j^4)$ | $\cdots$ | $\chi^2(\boldsymbol{x}_5, \boldsymbol{H}^4\boldsymbol{x}_5^4)$ | 48 |
| 計 | 48 | $\cdots$ | 48 | $\cdots$ | 48 | 240 |

このように，行の入れ替え行列 $\boldsymbol{H}^2, \boldsymbol{H}^4$ をどのように選ぼうとも，$\boldsymbol{X}^2$, $\boldsymbol{X}^4$ が飽和度 $v = 1$ の直交計画の場合，$\chi^2$ 値の和は一定になる．4つの計画から2つの計画を選ぶ組合せが6通りあり，それぞれの $\chi^2$ 値の和が240であるので，計画 $\left(\boldsymbol{X}^2, \boldsymbol{H}^2\boldsymbol{X}^2, \boldsymbol{X}^4, \boldsymbol{H}^4\boldsymbol{X}^4\right)$ の $\chi^2$ 値の総和は1440となる．これは，先に求めた下界に等しいので，$\chi^2$ 値の総和が最小な計画となる．

実験回数 $N = 16$，飽和度 $v = 1$ の直交計画の行を入れ替え，元の計画と組み合わせることにより，$\chi^2$ 値の総和が最小な過飽和実験計画になる．そこで，$\chi^2$ 値の総和が最小なものの中で，よい性質を持つ過飽和実

験計画を構成することを考える．例えば，$\chi^2$ の最大値を一定レベルに保証するために，$N=16$ の行の入れ替えをすべて列挙しようとすると，第1行をどれにしようと一般性が失われないので，その組合せ数は $15! \approx 1.3 \times 10^{12}$ という膨大なものとなる．これは，$\boldsymbol{X}$ に $\boldsymbol{HX}$ を追加するときの組合せ数であり，前述のように2水準，4水準列を構成しようとするとさらにその数は増える．このように，$N=16$ ですら計算が実際に不可能になるので，なんらかの工夫が必要になる．

**計画の基準に関する補足**

2水準過飽和実験計画における $E\left(s^2\right)$ と，多水準，混合水準過飽和実験計画における $E\left(\chi^2\right)$，$\chi^2$ 値の和が，計画の評価基準として整合している．この中の性質は，直交行列に対して行を入れ替えた直交行列を追加するというアルゴリズムについて，正当性を与えている．

それと同時に，計画を構成する評価基準として $E\left(s^2\right), E\left(\chi^2\right), \chi^2$ 値の和のみを用いることの不完全さを示している．例えば，行を入れ替えない，すなわち $\boldsymbol{H}=\boldsymbol{I}$ として過飽和実験計画を構成すると，完全に効果が交絡する列が複数現れ，実験計画として実際的に意味がないにもかかわらず，$E\left(s^2\right), E\left(\chi^2\right), \chi^2$ 値の和の意味で最適になるからである．この性質から，$\max\left(s^2\right), \max\left(\chi^2\right)$ やその個数などの基準と併用する必要がある．

行の入れ替えにより，$E\left(s^2\right), E\left(\chi^2\right)$ 最適な計画が得られるかどうかは，$v=1$ の直交計画に分解できるかどうかが鍵になる．2水準の過飽和実験計画の場合，実験回数 $N$ が4の倍数であれば $v=1$ の直交計画が存在するので，$E\left(s^2\right)$ 最適な計画が構成できる．例えば3水準というように，一般の $l$ 水準過飽和実験計画の場合にも，$N=l^q$ のように実験回数が水準数 $l$ のべき数であれば，行の入れ替えにより $\chi^2$ 最適な過飽和実験計画が構成できる．困難さが伴うのは，混合水準の計画である．前述2水準と4水準の場合には，飽和度 $v=1$ の2水準直交計画，4水準直交計画が，$N$ が4のべき数の場合に構成できることに基づく．

一方，直交表 $L_{36}\left(2^{11} \times 3^{12}\right)$ をもとに，行の入れ替えで構成する計画を考える．直交表 $L_{36}\left(2^{11} \times 3^{12}\right)$ は，11列の2水準直交計画 $\boldsymbol{X}^2$ と12

列の3水準直交計画 $\boldsymbol{X}^3$ からなり，計画全体での飽和度 $v$ は1となる．これをもとに，行の入れ替え行列 $\boldsymbol{H}^2, \boldsymbol{H}^3$ により，$v = 2$ の混合水準過飽和実験計画を $\left(\boldsymbol{X}^2, \boldsymbol{H}^2\boldsymbol{X}^2, \boldsymbol{X}^3, \boldsymbol{H}^3\boldsymbol{X}^3\right)$ で構成する．いくつかの $\boldsymbol{H}^2$, $\boldsymbol{H}^3$ を数値的に試すと，個々の交絡度合いのみならず，$\chi^2$ 値の合計も $\boldsymbol{H}^2, \boldsymbol{H}^3$ に依存する．また，下界値は

$$\frac{1}{2}v\left(v-1\right)N\left(N-1\right) = \frac{1}{2}2\left(2-1\right)36\left(36-1\right) = 1260$$

であり，$\chi^2$ 値の合計は下界よりも大きな値となるため，この下界では最適性が説明できない．理由として，2水準過飽和実験計画 $\left(\boldsymbol{X}^2, \boldsymbol{H}^2\boldsymbol{X}^2\right)$ の飽和度が0.63，3水準過飽和実験計画 $\left(\boldsymbol{X}^3, \boldsymbol{H}^3\boldsymbol{X}^3\right)$ の飽和度が1.37であり，飽和度1の直交計画に分解できないので，今までと同様のやり方で最適性が証明できないことが考えられる．一方，次節で述べるプラケット・バーマン計画の半分実施の構成方法による過飽和実験計画は，飽和度 $v = 1$ の直交計画に分解できなくとも $E\left(s^2\right)$ 最適になる．このあたりの理論については，体系的に整理されていない．

## 3.2 プラケット・バーマン計画の半分実施

### 3.2.1 構成方法と例

過飽和実験計画について，Satterthwaite (1959) による考え方，Booth and Cox (1962) によるランダムサーチ，田口 (1977) による確率対応法，殆直交表に続き，Lin (1993) がプラケット・バーマン計画の部分的な活用による過飽和実験計画の構成方法を示している．

この構成方法では，実験回数 $N$ のプラケット・バーマン計画から $N/2$ 行を選び，半分を実施することで過飽和実験計画とする．具体的には，プラケット・バーマン計画から任意の1列を選ぶ．次に，その列の記号が1あるいは $-1$ となる行のみを用いて計画を構成する．表3.1に，実験回数 $N = 12$ のプラケット・バーマン計画を示す．この計画は，表1.21に示すプラケット・バーマン計画の $N = 12$ の生成子を用いている．なお，表1.21での生成子は1, 2で示しているが，内積などの意味が理解し

**表 3.1** 実験回数 12 のプラケット・バーマン計画

| No. | [1] | [2] | [3] | [4] | [5] | [6] | [7] | [8] | [9] | [10] | [11] |
|---|---|---|---|---|---|---|---|---|---|---|---|
| 1 | 1 | 1 | 1 | 1 | 1 | 1 | 1 | 1 | 1 | 1 | 1 |
| 2 | −1 | −1 | 1 | −1 | −1 | −1 | 1 | 1 | 1 | −1 | 1 |
| 3 | 1 | −1 | −1 | 1 | −1 | −1 | −1 | 1 | 1 | 1 | −1 |
| 4 | −1 | 1 | −1 | −1 | 1 | −1 | −1 | −1 | 1 | 1 | 1 |
| 5 | 1 | −1 | 1 | −1 | −1 | 1 | −1 | −1 | −1 | 1 | 1 |
| 6 | 1 | 1 | −1 | 1 | −1 | −1 | 1 | −1 | −1 | −1 | 1 |
| 7 | 1 | 1 | 1 | −1 | 1 | −1 | −1 | 1 | −1 | −1 | −1 |
| 8 | −1 | 1 | 1 | 1 | −1 | 1 | −1 | −1 | 1 | −1 | −1 |
| 9 | −1 | −1 | 1 | 1 | 1 | −1 | 1 | −1 | −1 | 1 | −1 |
| 10 | −1 | −1 | −1 | 1 | 1 | 1 | −1 | 1 | −1 | −1 | 1 |
| 11 | 1 | −1 | −1 | −1 | 1 | 1 | 1 | −1 | 1 | −1 | −1 |
| 12 | −1 | 1 | −1 | −1 | −1 | 1 | 1 | 1 | −1 | 1 | −1 |

やすいためにここでは $-1, 1$ で示す．第 1 行は，すべての要素が 1 である $(1 \times 11)$ ベクトルとする．次に，生成子により $(1 \times 11)$ ベクトルを構成し，これを第 2 行として追加する．さらに第 3 行は，第 2 行を 1 つずつずらして $(1 \times 11)$ ベクトルとする．このように生成子を横にずらしながら，行ベクトルを作成し，順次追加することで直交計画を構成する．

次に，過飽和実験計画を構成するための**枝列** (branch column) を選ぶ．プラケット・バーマン計画の構成方法の基本は，$(1 \times 11)$ ベクトルをずらしながら追加することなので，どの枝列を選んだとしても結果的に構成される過飽和実験計画に本質的な違いはなくなる．以下の例では，第 [11] 列を枝列とする．枝列の要素について，第 1, 2, 4, 5, 6, 10 行は 1 であり，第 3, 7, 8, 9, 11, 12 行は $-1$ である．枝列の要素が 1 のものを抜き出して作成したものが，表 3.2 に示す $(6 \times 10)$ の過飽和実験計画である．この場合，枝列は最終的には計画に含まれないので列数は $11 - 1 = 10$ となる．

また，表 3.3 に $(20 \times 19)$ のプラケット・バーマン直交計画を示す．これから，第 [19] 列を枝列として構成したものが，表 3.4 に示す $(10 \times 18)$ の過飽和実験計画である．

**表 3.2**　実験回数 6 の 2 水準過飽和実験計画の例 (Lin, 1993)

| No. | [1] | [2] | [3] | [4] | [5] | [6] | [7] | [8] | [9] | [10] |
|---|---|---|---|---|---|---|---|---|---|---|
| 1 | 1 | 1 | 1 | 1 | 1 | 1 | 1 | 1 | 1 | 1 |
| 2 | −1 | −1 | 1 | −1 | −1 | −1 | 1 | 1 | 1 | −1 |
| 4 | −1 | 1 | −1 | −1 | 1 | −1 | −1 | −1 | 1 | 1 |
| 5 | 1 | −1 | 1 | −1 | −1 | 1 | −1 | −1 | −1 | 1 |
| 6 | 1 | 1 | −1 | 1 | −1 | −1 | 1 | −1 | −1 | −1 |
| 10 | −1 | −1 | −1 | 1 | 1 | 1 | −1 | 1 | −1 | −1 |

**表 3.3**　実験回数 20 のプラケット・バーマン計画

| No. | [1] | [2] | [3] | [4] | [5] | [6] | [7] | [8] | [9] | [10] | [11] | [12] | [13] | [14] | [15] | [16] | [17] | [18] | [19] |
|---|---|---|---|---|---|---|---|---|---|---|---|---|---|---|---|---|---|---|---|
| 1 | 1 | 1 | 1 | 1 | 1 | 1 | 1 | 1 | 1 | 1 | 1 | 1 | 1 | 1 | 1 | 1 | 1 | 1 | 1 |
| 2 | −1 | −1 | 1 | 1 | −1 | −1 | −1 | −1 | 1 | −1 | 1 | −1 | 1 | 1 | 1 | 1 | −1 | −1 | 1 |
| 3 | 1 | −1 | −1 | 1 | 1 | −1 | −1 | −1 | −1 | 1 | −1 | 1 | −1 | 1 | 1 | 1 | 1 | −1 | −1 |
| 4 | −1 | 1 | −1 | −1 | 1 | 1 | −1 | −1 | −1 | −1 | 1 | −1 | 1 | −1 | 1 | 1 | 1 | 1 | −1 |
| 5 | −1 | −1 | 1 | −1 | −1 | 1 | 1 | −1 | −1 | −1 | −1 | 1 | −1 | 1 | −1 | 1 | 1 | 1 | 1 |
| 6 | 1 | −1 | −1 | 1 | −1 | −1 | 1 | 1 | −1 | −1 | −1 | −1 | 1 | −1 | 1 | −1 | 1 | 1 | 1 |
| 7 | 1 | 1 | −1 | −1 | 1 | −1 | −1 | 1 | 1 | −1 | −1 | −1 | −1 | 1 | −1 | 1 | −1 | 1 | 1 |
| 8 | 1 | 1 | 1 | −1 | −1 | 1 | −1 | −1 | 1 | 1 | −1 | −1 | −1 | −1 | 1 | −1 | 1 | −1 | 1 |
| 9 | 1 | 1 | 1 | 1 | −1 | −1 | 1 | −1 | −1 | 1 | 1 | −1 | −1 | −1 | −1 | 1 | −1 | 1 | −1 |
| 10 | −1 | 1 | 1 | 1 | 1 | −1 | −1 | 1 | −1 | −1 | 1 | 1 | −1 | −1 | −1 | −1 | 1 | −1 | 1 |
| 11 | 1 | −1 | 1 | 1 | 1 | 1 | −1 | −1 | 1 | −1 | −1 | 1 | 1 | −1 | −1 | −1 | −1 | 1 | −1 |
| 12 | −1 | 1 | −1 | 1 | 1 | 1 | 1 | −1 | −1 | 1 | −1 | −1 | 1 | 1 | −1 | −1 | −1 | −1 | 1 |
| 13 | 1 | −1 | 1 | −1 | 1 | 1 | 1 | 1 | −1 | −1 | 1 | −1 | −1 | 1 | 1 | −1 | −1 | −1 | −1 |
| 14 | −1 | 1 | −1 | 1 | −1 | 1 | 1 | 1 | 1 | −1 | −1 | 1 | −1 | −1 | 1 | 1 | −1 | −1 | −1 |
| 15 | −1 | −1 | 1 | −1 | 1 | −1 | 1 | 1 | 1 | 1 | −1 | −1 | 1 | −1 | −1 | 1 | 1 | −1 | −1 |
| 16 | −1 | −1 | −1 | 1 | −1 | 1 | −1 | 1 | 1 | 1 | 1 | −1 | −1 | 1 | −1 | −1 | 1 | 1 | −1 |
| 17 | −1 | −1 | −1 | −1 | 1 | −1 | 1 | −1 | 1 | 1 | 1 | 1 | −1 | −1 | 1 | −1 | −1 | 1 | 1 |
| 18 | 1 | −1 | −1 | −1 | −1 | 1 | −1 | 1 | −1 | 1 | 1 | 1 | 1 | −1 | −1 | 1 | −1 | −1 | 1 |
| 19 | 1 | 1 | −1 | −1 | −1 | −1 | 1 | −1 | 1 | −1 | 1 | 1 | 1 | 1 | −1 | −1 | 1 | −1 | −1 |
| 20 | −1 | 1 | 1 | −1 | −1 | −1 | −1 | 1 | −1 | 1 | −1 | 1 | 1 | 1 | 1 | −1 | −1 | 1 | −1 |

さらに，表 3.5 に $(24 \times 23)$ のプラケット・バーマンの直交計画を示す．これから，第 [23] 列を枝列として構成したものが，表 3.6 に示す $(12 \times 22)$ の過飽和実験計画である．これは，表 2.3 に等しい．

このように単純な構成方法であるものの，$(12 \times 22)$ の過飽和実験計画は，$E\left(s^2\right)$ で最適という好ましい性質を持つ．この性質は，枝列の選び方や $-1, 1$ という水準の選び方には依存しない．これは，行ベクトルの要素を 1 つずつずらしながら追加してプラケット・バーマン計画を構成し

表 3.4 実験回数 10 の 2 水準過飽和実験計画の例

| No. | [1] | [2] | [3] | [4] | [5] | [6] | [7] | [8] | [9] | [10] | [11] | [12] | [13] | [14] | [15] | [16] | [17] | [18] |
|---|---|---|---|---|---|---|---|---|---|---|---|---|---|---|---|---|---|---|
| 1 | 1 | 1 | 1 | 1 | 1 | 1 | 1 | 1 | 1 | 1 | 1 | 1 | 1 | 1 | 1 | 1 | 1 | 1 |
| 2 | −1 | −1 | 1 | 1 | −1 | −1 | −1 | −1 | 1 | −1 | 1 | −1 | 1 | 1 | 1 | 1 | −1 | −1 |
| 5 | −1 | −1 | 1 | −1 | −1 | 1 | 1 | −1 | −1 | −1 | −1 | 1 | −1 | 1 | −1 | 1 | 1 | 1 |
| 6 | 1 | −1 | −1 | 1 | −1 | −1 | 1 | 1 | −1 | −1 | −1 | −1 | 1 | −1 | 1 | −1 | 1 | 1 |
| 7 | 1 | 1 | −1 | −1 | 1 | −1 | −1 | 1 | 1 | −1 | −1 | −1 | −1 | 1 | −1 | 1 | −1 | 1 |
| 8 | 1 | 1 | 1 | −1 | −1 | 1 | −1 | −1 | 1 | 1 | −1 | −1 | −1 | −1 | 1 | −1 | 1 | −1 |
| 10 | −1 | 1 | 1 | 1 | 1 | −1 | −1 | 1 | −1 | −1 | 1 | 1 | −1 | −1 | −1 | −1 | 1 | −1 |
| 12 | −1 | 1 | −1 | 1 | 1 | 1 | 1 | −1 | −1 | 1 | −1 | −1 | 1 | 1 | −1 | −1 | −1 | −1 |
| 17 | −1 | −1 | −1 | −1 | 1 | −1 | 1 | −1 | 1 | 1 | 1 | 1 | −1 | −1 | 1 | −1 | −1 | 1 |
| 18 | 1 | −1 | −1 | −1 | −1 | 1 | −1 | 1 | −1 | 1 | 1 | 1 | 1 | −1 | −1 | 1 | −1 | −1 |

表 3.5 実験回数 24 のプラケット・バーマン計画

| No. | [1] | [2] | [3] | [4] | [5] | [6] | [7] | [8] | [9] | [10] | [11] | [12] | [13] | [14] | [15] | [16] | [17] | [18] | [19] | [20] | [21] | [22] | [23] |
|---|---|---|---|---|---|---|---|---|---|---|---|---|---|---|---|---|---|---|---|---|---|---|---|
| 1 | 1 | 1 | 1 | 1 | 1 | 1 | 1 | 1 | 1 | 1 | 1 | 1 | 1 | 1 | 1 | 1 | 1 | 1 | 1 | 1 | 1 | 1 | 1 |
| 2 | −1 | 1 | 1 | 1 | 1 | −1 | 1 | −1 | 1 | 1 | −1 | −1 | 1 | 1 | −1 | −1 | 1 | −1 | 1 | −1 | −1 | −1 | −1 |
| 3 | −1 | −1 | 1 | 1 | 1 | 1 | −1 | 1 | −1 | 1 | 1 | −1 | −1 | 1 | 1 | −1 | −1 | 1 | −1 | 1 | −1 | −1 | −1 |
| 4 | −1 | −1 | −1 | 1 | 1 | 1 | 1 | −1 | 1 | −1 | 1 | 1 | −1 | −1 | 1 | 1 | −1 | −1 | 1 | −1 | 1 | −1 | −1 |
| 5 | −1 | −1 | −1 | −1 | 1 | 1 | 1 | 1 | −1 | 1 | −1 | 1 | 1 | −1 | −1 | 1 | 1 | −1 | −1 | 1 | −1 | 1 | −1 |
| 6 | −1 | −1 | −1 | −1 | −1 | 1 | 1 | 1 | 1 | −1 | 1 | −1 | 1 | 1 | −1 | −1 | 1 | 1 | −1 | −1 | 1 | −1 | 1 |
| 7 | 1 | −1 | −1 | −1 | −1 | −1 | 1 | 1 | 1 | 1 | −1 | 1 | −1 | 1 | 1 | −1 | −1 | 1 | 1 | −1 | −1 | 1 | −1 |
| 8 | −1 | 1 | −1 | −1 | −1 | −1 | −1 | 1 | 1 | 1 | 1 | −1 | 1 | −1 | 1 | 1 | −1 | −1 | 1 | 1 | −1 | −1 | 1 |
| 9 | 1 | −1 | 1 | −1 | −1 | −1 | −1 | −1 | 1 | 1 | 1 | 1 | −1 | 1 | −1 | 1 | 1 | −1 | −1 | 1 | 1 | −1 | −1 |
| 10 | −1 | 1 | −1 | 1 | −1 | −1 | −1 | −1 | −1 | 1 | 1 | 1 | 1 | −1 | 1 | −1 | 1 | 1 | −1 | −1 | 1 | 1 | −1 |
| 11 | −1 | −1 | 1 | −1 | 1 | −1 | −1 | −1 | −1 | −1 | 1 | 1 | 1 | 1 | −1 | 1 | −1 | 1 | 1 | −1 | −1 | 1 | 1 |
| 12 | 1 | −1 | −1 | 1 | −1 | 1 | −1 | −1 | −1 | −1 | −1 | 1 | 1 | 1 | 1 | −1 | 1 | −1 | 1 | 1 | −1 | −1 | 1 |
| 13 | 1 | 1 | −1 | −1 | 1 | −1 | 1 | −1 | −1 | −1 | −1 | −1 | 1 | 1 | 1 | 1 | −1 | 1 | −1 | 1 | 1 | −1 | −1 |
| 14 | −1 | 1 | 1 | −1 | −1 | 1 | −1 | 1 | −1 | −1 | −1 | −1 | −1 | 1 | 1 | 1 | 1 | −1 | 1 | −1 | 1 | 1 | −1 |
| 15 | −1 | −1 | 1 | 1 | −1 | −1 | 1 | −1 | 1 | −1 | −1 | −1 | −1 | −1 | 1 | 1 | 1 | 1 | −1 | 1 | −1 | 1 | 1 |
| 16 | 1 | −1 | −1 | 1 | 1 | −1 | −1 | 1 | −1 | 1 | −1 | −1 | −1 | −1 | −1 | 1 | 1 | 1 | 1 | −1 | 1 | −1 | 1 |
| 17 | 1 | 1 | −1 | −1 | 1 | 1 | −1 | −1 | 1 | −1 | 1 | −1 | −1 | −1 | −1 | −1 | 1 | 1 | 1 | 1 | −1 | 1 | −1 |
| 18 | −1 | 1 | 1 | −1 | −1 | 1 | 1 | −1 | −1 | 1 | −1 | 1 | −1 | −1 | −1 | −1 | −1 | 1 | 1 | 1 | 1 | −1 | 1 |
| 19 | 1 | −1 | 1 | 1 | −1 | −1 | 1 | 1 | −1 | −1 | 1 | −1 | 1 | −1 | −1 | −1 | −1 | −1 | 1 | 1 | 1 | 1 | −1 |
| 20 | −1 | 1 | −1 | 1 | 1 | −1 | −1 | 1 | 1 | −1 | −1 | 1 | −1 | 1 | −1 | −1 | −1 | −1 | −1 | 1 | 1 | 1 | 1 |
| 21 | 1 | −1 | 1 | −1 | 1 | 1 | −1 | −1 | 1 | 1 | −1 | −1 | 1 | −1 | 1 | −1 | −1 | −1 | −1 | −1 | 1 | 1 | 1 |
| 22 | 1 | 1 | −1 | 1 | −1 | 1 | 1 | −1 | −1 | 1 | 1 | −1 | −1 | 1 | −1 | 1 | −1 | −1 | −1 | −1 | −1 | 1 | 1 |
| 23 | 1 | 1 | 1 | −1 | 1 | −1 | 1 | 1 | −1 | −1 | 1 | 1 | −1 | −1 | 1 | −1 | 1 | −1 | −1 | −1 | −1 | −1 | 1 |
| 24 | 1 | 1 | 1 | 1 | −1 | 1 | −1 | 1 | 1 | −1 | −1 | 1 | 1 | −1 | −1 | 1 | −1 | 1 | −1 | −1 | −1 | −1 | −1 |

ていることから確認できる.

また, $N = 24$ のプラケット・バーマン計画以外にも, 半分実施で構成する過飽和実験計画が $E\left(s^2\right)$ の尺度で最適となる場合がある. 一方, $N = 40$ のプラケット・バーマン計画は, $N = 20$ のプラケット・バーマン計画を, $-1, 1$ を適宜入れ替えながら行方向, 列方向に追加して構成する. この場合には, 列間の直交性は枝列の選び方に依存し, 第 3.2.2 項に述べるような完全交絡が生じる.

この構成方法は, 行ベクトルの要素を 1 つずつずらしながら追加して

**表 3.6**　実験回数 12 の 2 水準過飽和実験計画の例 (Lin, 1993)

| No. | [1] | [2] | [3] | [4] | [5] | [6] | [7] | [8] | [9] | [10] | [11] | [12] | [13] | [14] | [15] | [16] | [17] | [18] | [19] | [20] | [21] | [22] |
|---|---|---|---|---|---|---|---|---|---|---|---|---|---|---|---|---|---|---|---|---|---|---|
| 1 | 1 | 1 | 1 | 1 | 1 | 1 | 1 | 1 | 1 | 1 | 1 | 1 | 1 | 1 | 1 | 1 | 1 | 1 | 1 | 1 | 1 | 1 |
| 6 | −1 | −1 | −1 | −1 | −1 | 1 | 1 | 1 | 1 | −1 | 1 | −1 | 1 | 1 | −1 | −1 | 1 | 1 | −1 | −1 | 1 | −1 |
| 8 | −1 | 1 | −1 | −1 | −1 | −1 | −1 | 1 | 1 | 1 | 1 | −1 | 1 | −1 | 1 | 1 | −1 | −1 | 1 | 1 | −1 | −1 |
| 11 | −1 | −1 | 1 | −1 | 1 | −1 | −1 | −1 | −1 | −1 | 1 | 1 | 1 | 1 | −1 | 1 | −1 | 1 | 1 | −1 | −1 | 1 |
| 12 | 1 | −1 | −1 | 1 | −1 | 1 | −1 | −1 | −1 | −1 | −1 | 1 | 1 | 1 | 1 | −1 | 1 | −1 | 1 | 1 | −1 | −1 |
| 15 | −1 | −1 | 1 | 1 | −1 | −1 | 1 | −1 | 1 | −1 | −1 | −1 | −1 | −1 | 1 | 1 | 1 | 1 | −1 | 1 | −1 | 1 |
| 16 | 1 | −1 | −1 | 1 | 1 | −1 | −1 | 1 | −1 | 1 | −1 | −1 | −1 | −1 | −1 | 1 | 1 | 1 | 1 | −1 | 1 | −1 |
| 18 | −1 | 1 | 1 | −1 | −1 | 1 | 1 | −1 | −1 | 1 | −1 | 1 | −1 | −1 | −1 | −1 | −1 | 1 | 1 | 1 | 1 | −1 |
| 20 | −1 | 1 | −1 | 1 | 1 | −1 | −1 | 1 | 1 | −1 | −1 | 1 | −1 | 1 | −1 | −1 | −1 | −1 | −1 | 1 | 1 | 1 |
| 21 | 1 | −1 | 1 | −1 | 1 | 1 | −1 | −1 | 1 | 1 | −1 | −1 | 1 | −1 | 1 | −1 | −1 | −1 | −1 | −1 | 1 | 1 |
| 22 | 1 | 1 | −1 | 1 | −1 | 1 | 1 | −1 | −1 | 1 | 1 | −1 | −1 | 1 | −1 | 1 | −1 | −1 | −1 | −1 | −1 | 1 |
| 23 | 1 | 1 | 1 | −1 | 1 | −1 | 1 | 1 | −1 | −1 | 1 | 1 | −1 | −1 | 1 | −1 | 1 | −1 | −1 | −1 | −1 | −1 |

プラケット・バーマン計画を構成したうえで，その半分実施を行っている．これに対して，行ベクトルの要素をずらしながら追加し，過飽和実験計画を直接構成する方法もいくつかある（例えば，Liu and Dean (2004)）．

### 3.2.2　半分実施の 2 べき乗計画への適用

半分実施による過飽和実験計画の構成は，プラケット・バーマン計画などのノンレギュラー計画をもとにすると一般にはうまくいく．一方，$L_{16}\left(2^{15}\right)$ などの 2 のべき乗のレギュラー計画の場合には完全交絡する列が生じ，うまくいかない．表 3.7 に，$L_{16}\left(2^{15}\right)$ 直交表の $(1,2)$ を $(-1,1)$ として表記したものを示す．この計画について，第 [15] 列を枝列とし，この列が 1 のときのみの半分実施で構成した $(8 \times 14)$ 過飽和実験計画を，表 3.8 に示す．

この表 3.8 の過飽和実験計画は，$([1],[14]),([2],[13]),\ \ldots,([7],[8])$ のように，成分記号の積が第 [15] 列の成分記号である abcd に等しい列の組合せについて，相関係数が $+1$ になる完全交絡状態になり，それ以外の列の組合せは直交する．枝列の第 [15] 列の要素が 1 の場合には，成分記号の積が abcd となる 2 列の水準組合せは $(1,1),(-1,-1)$ のいずれかとなる．これらのそれぞれの列には $-1,1$ が 4 個ずつ含まれているので，水準組合せとして $(1,1),(-1,-1)$ が 4 組ずつ含まれ，列間の相関係数が 1 で完全交絡することになる．

仮に第 [15] 列の要素が $-1$ の行で構成する場合には，成分記号の積が

表 3.7 直交表 $L_{16}(2^{15})$ を $(1,2)$ から $(1,-1)$ で再表記

| No. | [1] | [2] | [3] | [4] | [5] | [6] | [7] | [8] | [9] | [10] | [11] | [12] | [13] | [14] | [15] |
|---|---|---|---|---|---|---|---|---|---|---|---|---|---|---|---|
| 1 | 1 | 1 | 1 | 1 | 1 | 1 | 1 | 1 | 1 | 1 | 1 | 1 | 1 | 1 | 1 |
| 2 | 1 | 1 | 1 | 1 | 1 | 1 | 1 | −1 | −1 | −1 | −1 | −1 | −1 | −1 | −1 |
| 3 | 1 | 1 | 1 | −1 | −1 | −1 | −1 | 1 | 1 | 1 | 1 | −1 | −1 | −1 | −1 |
| 4 | 1 | 1 | 1 | −1 | −1 | −1 | −1 | −1 | −1 | −1 | −1 | 1 | 1 | 1 | 1 |
| 5 | 1 | −1 | −1 | 1 | 1 | −1 | −1 | 1 | 1 | −1 | −1 | 1 | 1 | −1 | −1 |
| 6 | 1 | −1 | −1 | 1 | 1 | −1 | −1 | −1 | −1 | 1 | 1 | −1 | −1 | 1 | 1 |
| 7 | 1 | −1 | −1 | −1 | −1 | 1 | 1 | 1 | 1 | −1 | −1 | −1 | −1 | 1 | 1 |
| 8 | 1 | −1 | −1 | −1 | −1 | 1 | 1 | −1 | −1 | 1 | 1 | 1 | 1 | −1 | −1 |
| 9 | −1 | 1 | −1 | 1 | −1 | 1 | −1 | 1 | −1 | 1 | −1 | 1 | −1 | 1 | −1 |
| 10 | −1 | 1 | −1 | 1 | −1 | 1 | −1 | −1 | 1 | −1 | 1 | −1 | 1 | −1 | 1 |
| 11 | −1 | 1 | −1 | −1 | 1 | −1 | 1 | 1 | −1 | 1 | −1 | −1 | 1 | −1 | 1 |
| 12 | −1 | 1 | −1 | −1 | 1 | −1 | 1 | −1 | 1 | −1 | 1 | 1 | −1 | 1 | −1 |
| 13 | −1 | −1 | 1 | 1 | −1 | −1 | 1 | 1 | −1 | −1 | 1 | 1 | −1 | −1 | 1 |
| 14 | −1 | −1 | 1 | 1 | −1 | −1 | 1 | −1 | 1 | 1 | −1 | −1 | 1 | 1 | −1 |
| 15 | −1 | −1 | 1 | −1 | 1 | 1 | −1 | 1 | −1 | −1 | 1 | −1 | 1 | 1 | −1 |
| 16 | −1 | −1 | 1 | −1 | 1 | 1 | −1 | −1 | 1 | 1 | −1 | 1 | −1 | −1 | 1 |
| | a | | a | | a | | a | | a | | a | | a | | a |
| | | b | b | | | b | b | | | b | b | | | b | b |
| | | | | c | c | c | c | | | | | c | c | c | c |
| | | | | | | | | d | d | d | d | d | d | d | d |

表 3.8 直交表 $L_{16}(2^{15})$ から [15] を枝列として構成した過飽和実験計画

| No. | [1] | [2] | [3] | [4] | [5] | [6] | [7] | [8] | [9] | [10] | [11] | [12] | [13] | [14] |
|---|---|---|---|---|---|---|---|---|---|---|---|---|---|---|
| 1 | 1 | 1 | 1 | 1 | 1 | 1 | 1 | 1 | 1 | 1 | 1 | 1 | 1 | 1 |
| 4 | 1 | 1 | 1 | −1 | −1 | −1 | −1 | −1 | −1 | −1 | −1 | 1 | 1 | 1 |
| 6 | 1 | −1 | −1 | 1 | 1 | −1 | −1 | −1 | −1 | 1 | 1 | −1 | −1 | 1 |
| 7 | 1 | −1 | −1 | −1 | −1 | 1 | 1 | 1 | 1 | −1 | −1 | −1 | −1 | 1 |
| 10 | −1 | 1 | −1 | 1 | −1 | 1 | −1 | −1 | 1 | −1 | 1 | −1 | 1 | −1 |
| 11 | −1 | 1 | −1 | −1 | 1 | −1 | 1 | 1 | −1 | 1 | −1 | −1 | 1 | −1 |
| 13 | −1 | −1 | 1 | 1 | −1 | −1 | 1 | 1 | −1 | −1 | 1 | 1 | −1 | −1 |
| 16 | −1 | −1 | 1 | −1 | 1 | 1 | −1 | −1 | 1 | 1 | −1 | 1 | −1 | −1 |
| | a | | a | | a | | a | | a | | a | | a | |
| | | b | b | | | b | b | | | b | b | | | b |
| | | | | c | c | c | c | | | | | c | c | c |
| | | | | | | | | d | d | d | d | d | d | d |

abcd となる 2 列の水準組合せは $(1,-1)$, $(-1,1)$ のいずれかとなる．これらのそれぞれの列には $-1$ と 1 が 4 個ずつ含まれているので，水準組合せとして $(1,-1)$, $(-1,1)$ が 4 組ずつ含まれ，列間の相関係数が $-1$ で完全交絡することになる．

### 3.2.3 直交性の評価

#### 内積，相関係数の分布

プラケット・バーマン計画の半分実施により構成した過飽和実験計画

について，直交性の評価を行う．例えば $(6 \times 10)$ の過飽和実験計画では，列間の内積 $s_{ij}$ からなる行列は次のとおりとなる．

$$\begin{pmatrix} 6 & 2 & 2 & 2 & -2 & 2 & 2 & -2 & -2 & 2 \\ 2 & 6 & -2 & 2 & 2 & -2 & 2 & -2 & 2 & 2 \\ 2 & -2 & 6 & -2 & -2 & 2 & 2 & 2 & 2 & 2 \\ 2 & 2 & -2 & 6 & 2 & 2 & 2 & 2 & -2 & -2 \\ -2 & 2 & -2 & 2 & 6 & 2 & -2 & 2 & 2 & 2 \\ 2 & -2 & 2 & 2 & 2 & 6 & -2 & 2 & -2 & 2 \\ 2 & 2 & 2 & 2 & -2 & -2 & 6 & 2 & 2 & -2 \\ -2 & -2 & 2 & 2 & 2 & 2 & 2 & 6 & 2 & -2 \\ -2 & 2 & 2 & -2 & 2 & -2 & 2 & 2 & 6 & 2 \\ 2 & 2 & 2 & -2 & 2 & 2 & -2 & -2 & 2 & 6 \end{pmatrix}$$

この10列からなる計画では，列の対が全部で $\binom{10}{2} = 45$ 組あり，そのうち内積が2のものが30組，$-2$ のものが15組ある．また，表3.6に示す $(12 \times 22)$ の過飽和実験計画の内積からなる行列では，列の対が全部で $\binom{22}{2} = 231$ 組あり，そのうち内積0で直交するものが132組，$-4$ のものが33組，4のものが66組ある．

内積 $s_{ij}$ を用いると実験回数 $N$ が異なる場合の比較には適切でないので，列間の内積を相関係数 $r_{ij} = s_{ij}/N$ に基準化し，直交性を評価する．実験回数 $N = 6$ の場合には，相関係数 $r_{ij}$ のうち30が1/3，15が $-1/3$ となる．これと同様に，プラケット・バーマン計画の半分実施で構成した $N = 10, 12, 14, 18$ の過飽和実験計画について，内積，相関係数の分布を表3.9に示す．また，散布図にしたものを図3.1に示す．この散布図では，横軸に実験回数 $N$，縦軸に相関係数 $r$ をとり，出現比率を円の面積であらわしている．

この図から，列数 $p$，実験回数 $N$ が小さいときには，相関係数の絶対値が相対的に大きいものが多いが，列数 $p$，実験回数 $N$ が大きくなるにつれ，その絶対値が小さくなり全体的に0に近づく．これから，列数 $p$，実験回数 $N$ の増加に伴い，相対的に交絡が弱くなることがわかる．

### $N = 40$ のプラケット・バーマン計画の半分実施

実験回数 $N = 40$ の $(40 \times 39)$ プラケット・バーマン計画は，$(20 \times 19)$

**表 3.9** プラケット・バーマン計画の半分実施過飽和実験計画における相関係数 $r$ の分布

| | 度数 | | | | | 比率 | | | | |
|---|---|---|---|---|---|---|---|---|---|---|
| $N$ | 6 | 10 | 12 | 14 | 18 | 6 | 10 | 12 | 14 | 18 |
| $p$ | 10 | 18 | 22 | 26 | 34 | 10 | 18 | 22 | 26 | 34 |
| −1/3 | 30 | | 33 | | 24 | 0.667 | | 0.143 | | 0.043 |
| −1/5 | | 63 | | | | | 0.412 | | | |
| −1/7 | | | | 156 | | | | | 0.480 | |
| −1/9 | | | | | 234 | | | | | 0.417 |
| 0 | | | 132 | | | | | 0.571 | | |
| 1/9 | | | | | 225 | | | | | 0.401 |
| 1/7 | | | | 130 | | | | | 0.400 | |
| 1/5 | | 81 | | | | | 0.529 | | | |
| 1/3 | 15 | | 66 | | 78 | 0.333 | | 0.286 | | 0.139 |
| 3/7 | | | | 39 | | | | | 0.120 | |
| 3/5 | | 9 | | | | | 0.059 | | | |
| 計 | 45 | 153 | 231 | 325 | 561 | 1 | 1 | 1 | 1 | 1 |

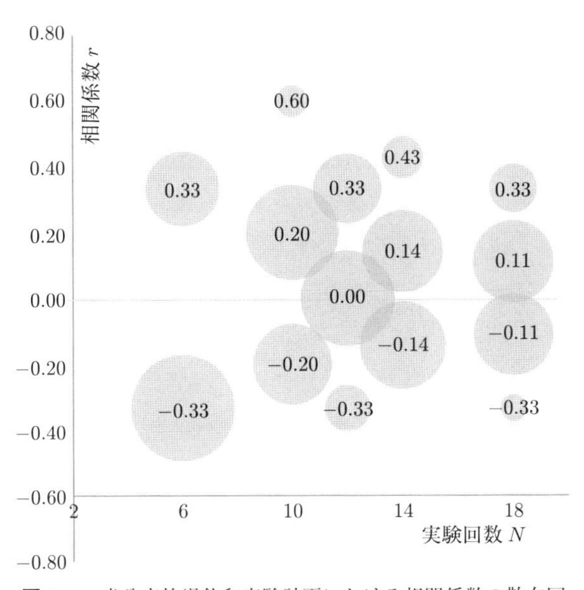


**図 3.1** 半分実施過飽和実験計画における相関係数の散布図

のプラケット・バーマン計画 $\boldsymbol{X}$ を用いて

$$\begin{pmatrix} \boldsymbol{X} & \boldsymbol{X} & \boldsymbol{1} \\ \boldsymbol{X} & -\boldsymbol{X} & -\boldsymbol{1} \end{pmatrix} \tag{3.1}$$

により構成できる．上記の計画において，枝列を [1] から [19] 列の中の [$k$] 列とすると，[$19+k$] 列と最後の [39] 列が完全に交絡する．また，枝列を [20] から [38] 列の中の [$k$] 列とすると，[$k-19$] 列と最後の [39] 列が完全に交絡する．このように，完全交絡する列が生成されてしまうため，$(40 \times 39)$ のプラケット・バーマン計画から，半分実施計画により $(20 \times (38))$ の過飽和実験計画を構成するのは適切ではない．

このように完全交絡が生じる理由は，第3.2.2項のとおり，実験回数が2のべき乗の直交計画に半分実施を適用すると完全交絡が生じることと同様である．すなわち，実験回数が2のべき乗の場合には，基本的には式 (3.1) をもとに計画を逐次構成する．プラケット・バーマン計画のいくつかは，$N=40$ のように低次元の行列をもとに式 (3.1) により直交計画を構成している．この場合には，半分実施により飽和度 $v=2$ となる過飽和実験計画を構成すると，列間の完全交絡が生じる．

実験回数 $N=40$ のプラケット・バーマン計画をもとに，半分実施により過飽和実験計画を構成し，完全交絡する列を削除し，$(20 \times 37)$ の過飽和実験計画を構成する．列の組合せ $\binom{37}{2}=666$ のうち，360組 (0.54) が直交し，288組 (0.43) が相関係数0.2，18組 (0.027) が相関係数0.6となる．ただし，$(\cdot)$ 内は全組合せに対する比率である．全体的には，$N=20$ のプラケット・バーマン計画をもとに構成した $(10 \times 18)$ の過飽和実験計画と似た相関構造になっている．

#### $\boldsymbol{E}\left(\boldsymbol{s^2}\right)$ の最適性

プラケット・バーマン計画の半分実施で構成した過飽和実験計画について $E\left(s^2\right)$ 値と，式 (2.3) による $E\left(s^2\right)$ の下界を表3.10に示す．この表のとおり，$N=6,10,12,14,18$ のすべてのプラケット・バーマン計画の半分実施計画の $E\left(s^2\right)$ 値は式 (2.3) の下界に等しく，$E\left(s^2\right)$ 最適な過飽

**表 3.10** 半分実施過飽和実験計画における $E(s^2)$ とその下界

| $N$ | 6 | 10 | 12 | 14 | 18 |
|---|---|---|---|---|---|
| $p$ | 10 | 18 | 22 | 26 | 34 |
| LB | 4.00 | 5.88 | 6.86 | 7.84 | 9.82 |
| $E(s^2)$ | 4.00 | 5.88 | 6.86 | 7.84 | 9.82 |

LB: 式 (2.3) の $E(s^2)$ の下界

和実験計画である．この構成方法を提案する際，Lin (1993) は，それ以前の Sattherthwaite(1959)，Booth and Cox (1962) よりも $E\left(s^2\right)$ でよい点を示している．その後，この下界が Nguyen (1996)，Tang and Wu (1997) によって導かれている．プラケット・バーマン計画の半分実施計画は簡単な方法でありながら，$E\left(s^2\right)$ の最適性が保証できるなどの点が注目され，これに続く多くの研究のきっかけになっている．

第 3.1.3 項で示している Tang and Wu (1997) による行の入れ替えで構成した $(12 \times 22)$ 過飽和実験計画も，$E\left(s^2\right)$ を最小化する過飽和実験計画である．この計画と，プラケット・バーマン計画の半分実施による計画を，内積からなる行列 $\boldsymbol{X}^\top \boldsymbol{X}$ から比較する．プラケット・バーマン計画の半分実施による $(12 \times 22)$ 過飽和実験計画の場合，内積が $\pm 4$ となる組合せがまんべんなく存在する．これに対して，行の入れ替えで構成した $(12 \times 22)$ 過飽和実験計画では，飽和度 $v = 1$ の直交計画 2 組から成り立ち，直交計画間では $\pm 4, \pm 8$ となる組合せが存在するものの，直交計画内では当然のことながら内積は 0 となる．内積の 2 乗の最大値は，半分実施による過飽和実験計画の場合には $4^2$ であるのに対し，行の入れ替えによる過飽和実験計画の場合には $8^2$ になる．このように，内積の 2 乗の最大値という点からは，前者の方が好ましい．一方，列数では前者は 22 に限定されるのに対し，後者はそれよりも多くの列を含めることができる．このように，それぞれが異なる特長をもつ．

## 3.3 プラケット・バーマン計画の交互作用による構成方法

### 3.3.1 交互作用列の追加による Wu (1993) の構成

**考え方と $N = 12$ の例**

プラケット・バーマン計画では，一般に，割り付けた2列の交互作用は，他の列に部分的に交絡するという性質がある．Wu (1993) では，この性質を利用して逐次的に交互作用列を生成して追加することで，過飽和実験計画を構成している．第 $i$ 列 $\boldsymbol{x}_i$ と第 $j$ 列 $\boldsymbol{x}_j$ の交互作用をあらわす列は，これらの列のアダマール積 $\boldsymbol{x}_i \odot \boldsymbol{x}_j$ であらわすことができる．交互作用の部分的な交絡について，$N = 12$ のプラケット・バーマン計画 $\boldsymbol{X} = (\boldsymbol{x}_1, \ldots, \boldsymbol{x}_{11})$ で説明する．例えば，第1列 $\boldsymbol{x}_1$ と第2列 $\boldsymbol{x}_2$ の交互作用 $\boldsymbol{x}_1 \odot \boldsymbol{x}_2$ は，$\boldsymbol{x}_1$，$\boldsymbol{x}_2$ とは直交し，残りの $\boldsymbol{x}_3, \ldots, \boldsymbol{x}_{11}$ とは，$|(\boldsymbol{x}_1 \odot \boldsymbol{x}_2)^\top \boldsymbol{x}_j| = 4$ $(j = 3, \ldots, 11)$ となり部分的に交絡する．なお，前章で述べたように，$-1$ と $1$ が $N/2$ ずつ含まれる任意のベクトルについて，$(\boldsymbol{x}_1, \ldots, \boldsymbol{x}_{11})$ との内積の二乗和は $N^2$ に等しい．この $N = 12$ の例でも，$4^2 \times 9 = 144 = 12^2$ が確認できる．

このような交互作用の部分的な交絡を利用し，元の $(12 \times 11)$ のプラケット・バーマン計画に，交互作用列 $\boldsymbol{x}_i \odot \boldsymbol{x}_j$ を追加して過飽和実験計画を構成する (Wu, 1993)．11列から2列を選ぶ組合せは55なので，

$$(\boldsymbol{x}_1, \ldots, \boldsymbol{x}_{11}, \boldsymbol{x}_1 \odot \boldsymbol{x}_2, \boldsymbol{x}_1 \odot \boldsymbol{x}_3, \ldots, \boldsymbol{x}_{10} \odot \boldsymbol{x}_{11})$$

のとおり最大で $11 + 55 = 66$ 列の過飽和実験計画を構成できる．

$N = 12$ のプラケット・バーマン計画 $(\boldsymbol{x}_1, \ldots, \boldsymbol{x}_{11})$ に，$\boldsymbol{x}_1$ と残りの10列との交互作用 $\boldsymbol{x}_1 \odot \boldsymbol{x}_2, \ldots, \boldsymbol{x}_1 \odot \boldsymbol{x}_{11}$ を加えると，$p = 21$ 列の過飽和実験計画となる．後の比較のために，$\boldsymbol{x}_2 \odot \boldsymbol{x}_3$ も追加し，$p = 22$ 列で飽和度 $v = 2$ の過飽和実験計画を表3.11に示す．

表3.11に示す計画について，第[1]列から第[11]の $(12 \times 11)$ 計画を $\boldsymbol{X}_1$，[1,2]列から[2,3]列の $(12 \times 11)$ 計画を $\boldsymbol{X}_2$ とする．過飽和実験計画 $(\boldsymbol{X}_1, \boldsymbol{X}_2)$ の内積からなる行列

**表 3.11** 交互作用列の追加による過飽和実験計画の構成

| No. | [1] | [2] | [3] | [4] | [5] | [6] | [7] | [8] | [9] | [10] | [11] |
|---|---|---|---|---|---|---|---|---|---|---|---|
| 1 | 1 | 1 | −1 | 1 | 1 | 1 | −1 | −1 | −1 | 1 | −1 |
| 2 | −1 | 1 | 1 | −1 | 1 | 1 | 1 | −1 | −1 | −1 | 1 |
| 3 | 1 | −1 | 1 | 1 | −1 | 1 | 1 | 1 | −1 | −1 | −1 |
| 4 | −1 | 1 | −1 | 1 | 1 | −1 | 1 | 1 | 1 | −1 | −1 |
| 5 | −1 | −1 | 1 | −1 | 1 | 1 | −1 | 1 | 1 | 1 | −1 |
| 6 | −1 | −1 | −1 | 1 | −1 | 1 | 1 | −1 | 1 | 1 | 1 |
| 7 | 1 | −1 | −1 | −1 | 1 | −1 | 1 | 1 | −1 | 1 | 1 |
| 8 | 1 | 1 | −1 | −1 | −1 | 1 | −1 | 1 | 1 | −1 | 1 |
| 9 | 1 | 1 | 1 | −1 | −1 | −1 | 1 | −1 | 1 | 1 | −1 |
| 10 | −1 | 1 | 1 | 1 | −1 | −1 | −1 | 1 | −1 | 1 | 1 |
| 11 | 1 | −1 | 1 | 1 | 1 | −1 | −1 | −1 | 1 | −1 | 1 |
| 12 | −1 | −1 | −1 | −1 | −1 | −1 | −1 | −1 | −1 | −1 | −1 |

| No. | [1,2] | [1,3] | [1,4] | [1,5] | [1,6] | [1,7] | [1,8] | [1,9] | [1,10] | [1,11] | [2,3] |
|---|---|---|---|---|---|---|---|---|---|---|---|
| 1 | 1 | −1 | 1 | 1 | 1 | −1 | −1 | −1 | 1 | −1 | −1 |
| 2 | −1 | −1 | 1 | −1 | −1 | −1 | 1 | 1 | 1 | −1 | 1 |
| 3 | −1 | 1 | 1 | −1 | 1 | 1 | 1 | −1 | −1 | −1 | −1 |
| 4 | −1 | 1 | −1 | −1 | 1 | −1 | −1 | −1 | 1 | 1 | −1 |
| 5 | 1 | −1 | 1 | −1 | −1 | 1 | −1 | −1 | −1 | 1 | −1 |
| 6 | 1 | 1 | −1 | 1 | −1 | −1 | 1 | −1 | −1 | −1 | 1 |
| 7 | −1 | −1 | −1 | 1 | −1 | 1 | 1 | −1 | 1 | 1 | 1 |
| 8 | 1 | −1 | −1 | −1 | 1 | −1 | 1 | 1 | −1 | 1 | −1 |
| 9 | 1 | 1 | −1 | −1 | −1 | 1 | −1 | 1 | 1 | −1 | 1 |
| 10 | −1 | −1 | −1 | 1 | 1 | 1 | −1 | 1 | −1 | −1 | 1 |
| 11 | −1 | 1 | 1 | 1 | −1 | −1 | −1 | 1 | −1 | 1 | −1 |
| 12 | 1 | 1 | 1 | 1 | 1 | 1 | 1 | 1 | 1 | 1 | 1 |

$[i, j]$ は $[i]$ 列と $[j]$ 列の交互作用

$$
\begin{pmatrix}
\boldsymbol{X}_1^\top \boldsymbol{X}_1 & \boldsymbol{X}_1^\top \boldsymbol{X}_2 \\
\boldsymbol{X}_2^\top \boldsymbol{X}_1 & \boldsymbol{X}_2^\top \boldsymbol{X}_2
\end{pmatrix}
$$

において，$\boldsymbol{X}_1$ は飽和度 $v = 1$ の直交計画なので $\boldsymbol{X}_1^\top \boldsymbol{X}_1 = 12\boldsymbol{I}_{12}$ となる．また

$$
\boldsymbol{X}_1^\top \boldsymbol{X}_2 = \begin{pmatrix}
0 & 0 & 0 & 0 & 0 & 0 & 0 & 0 & 0 & 0 & -4 \\
0 & -4 & -4 & -4 & 4 & -4 & -4 & 4 & 4 & -4 & 0 \\
-4 & 0 & 4 & -4 & -4 & 4 & -4 & 4 & -4 & -4 & 0 \\
-4 & 4 & 0 & 4 & 4 & -4 & -4 & -4 & -4 & -4 & -4 \\
-4 & -4 & 4 & 0 & -4 & -4 & -4 & -4 & 4 & 4 & -4 \\
4 & -4 & 4 & -4 & 0 & -4 & 4 & -4 & -4 & -4 & -4 \\
-4 & 4 & -4 & -4 & -4 & 0 & 4 & -4 & 4 & -4 & 4 \\
-4 & -4 & -4 & -4 & 4 & 4 & 0 & -4 & -4 & 4 & -4 \\
4 & 4 & -4 & -4 & -4 & -4 & -4 & 0 & -4 & 4 & -4 \\
4 & -4 & -4 & 4 & -4 & 4 & -4 & -4 & 0 & -4 & 4 \\
-4 & -4 & -4 & 4 & -4 & -4 & 4 & 4 & -4 & 0 & 4
\end{pmatrix}
$$

である．これから，交互作用列 $\boldsymbol{x}_i \odot \boldsymbol{x}_j$ は元の列 $\boldsymbol{x}_i$, $\boldsymbol{x}_j$ と直交し，残りの列とは内積の絶対値が4になる部分交絡の関係にあることが確認できる．また，$\boldsymbol{X}_2$ 間の内積からなる行列は

$$
\boldsymbol{X}_2^\top \boldsymbol{X}_2 = \begin{pmatrix}
12 & 0 & 0 & 0 & 0 & 0 & 0 & 0 & 0 & 0 & 0 \\
0 & 12 & 0 & 0 & 0 & 0 & 0 & 0 & 0 & 0 & 0 \\
0 & 0 & 12 & 0 & 0 & 0 & 0 & 0 & 0 & 0 & -4 \\
0 & 0 & 0 & 12 & 0 & 0 & 0 & 0 & 0 & 0 & 4 \\
0 & 0 & 0 & 0 & 12 & 0 & 0 & 0 & 0 & 0 & -4 \\
0 & 0 & 0 & 0 & 0 & 12 & 0 & 0 & 0 & 0 & 4 \\
0 & 0 & 0 & 0 & 0 & 0 & 12 & 0 & 0 & 0 & 4 \\
0 & 0 & 0 & 0 & 0 & 0 & 0 & 12 & 0 & 0 & 4 \\
0 & 0 & 0 & 0 & 0 & 0 & 0 & 0 & 12 & 0 & 4 \\
0 & 0 & 0 & 0 & 0 & 0 & 0 & 0 & 0 & 12 & -4 \\
0 & 0 & -4 & 4 & -4 & 4 & 4 & 4 & 4 & -4 & 12
\end{pmatrix}
$$

となる．この $\boldsymbol{X}_2^\top \boldsymbol{X}_2$ において，交互作用列を用いて構成した $\boldsymbol{x}_1 \odot \boldsymbol{x}_2, \ldots, \boldsymbol{x}_1 \odot \boldsymbol{x}_{11}$ は互いに直交するが，後の比較のために追加した $\boldsymbol{x}_2 \odot \boldsymbol{x}_3$ は，それ以外の列と直交しないものもあることが確認できる．

### $N = 20$ の例

実験回数 $N = 20$ の場合に，交互作用列の追加により過飽和実験計画を構成する．表3.3の $(20 \times 19)$ 直交計画を $\boldsymbol{X}_1 = (\boldsymbol{x}_1, \ldots, \boldsymbol{x}_{19})$ とし，交互作用 $\boldsymbol{x}_1 \odot \boldsymbol{x}_2, \ldots, \boldsymbol{x}_1 \odot \boldsymbol{x}_{19}, \boldsymbol{x}_2 \odot \boldsymbol{x}_9$ により $\boldsymbol{X}_2$ を構成する．このうち，$\boldsymbol{x}_1 \odot \boldsymbol{x}_2, \ldots, \boldsymbol{x}_1 \odot \boldsymbol{x}_{19}$ は，実験回数 $N = 12$ と同様に，交互作用 $\boldsymbol{x}_i \odot \boldsymbol{x}_j$

と $\boldsymbol{x}_i, \boldsymbol{x}_j$ が直交する性質があるので，交互作用列を追加することで過飽和実験計画を構成する．また，$N = 12$ と同様になることを示すために，$\boldsymbol{x}_1 \odot \boldsymbol{x}_2, \ldots, \boldsymbol{x}_1 \odot \boldsymbol{x}_{19}$ に交互作用列 $\boldsymbol{x}_2 \odot \boldsymbol{x}_9$ を追加し，飽和度 $v = 2$，すなわち，38 列からなる過飽和実験計画を構成する．この交互作用を追加するのは，$\boldsymbol{x}_1 \odot \boldsymbol{x}_2, \ldots, \boldsymbol{x}_1 \odot \boldsymbol{x}_{19}$ との内積が 0 または $\pm 4$ となるのは $\boldsymbol{x}_2 \odot \boldsymbol{x}_9$ のみであるという理由による．この性質について，Wu(1993) は数値的探索により導いている．加えて，2 つの 2 因子交互作用列間の交絡を考える上で，プラケット・バーマン計画の構成上，どの因子を固定しても一般性を失わないので $x_1$ を固定している．残りの 18 因子について，$\binom{18}{3} = 816$ の組合せを数値的に検討し，48 の 3 因子の組合せにおいて，2 因子交互作用列間の内積が $\pm 12$ になることを導いている．

さらに，Oishi and Yamada (2020) は，主効果と残りの 2 因子の交互作用との内積が $\pm 12$ になる 3 因子の組合せを構造的に調べ，ブロックサイズ 3，ブロック数 57，処理数 19，反復数 9 の**つり合い型不完備ブロック計画** (BIBD: Balanced Incomplete Block Design) で表現可能なことを示している．

内積からなる行列 $(\boldsymbol{X}_1, \boldsymbol{X}_2)^\top (\boldsymbol{X}_1, \boldsymbol{X}_2)$ において，$\boldsymbol{X}_1^\top \boldsymbol{X}_1$ は $20\boldsymbol{I}_{20}$ となる．また，$\boldsymbol{X}_2^\top \boldsymbol{X}_2$ について，$\boldsymbol{x}_1 \odot \boldsymbol{x}_2, \ldots, \boldsymbol{x}_1 \odot \boldsymbol{x}_{19}$ は互いに直交するが，これらと $\boldsymbol{x}_2 \odot \boldsymbol{x}_9$ は直交せず

$$\boldsymbol{X}_2^\top \boldsymbol{X}_2 = \begin{pmatrix} 20\boldsymbol{I}_{19} & \boldsymbol{a}^\top \\ \boldsymbol{a} & 20 \end{pmatrix}$$

となる．ただし

$$\boldsymbol{a} = (0, -4, -4, 4, -4, -4, 4, 0, 4, 4, -4, 4, 4, 4, -4, 4, -4, 4)$$

である．このベクトル $\boldsymbol{a}$ において，要素が 0 となっているのは，$\boldsymbol{x}_1 \odot \boldsymbol{x}_2, \boldsymbol{x}_1 \odot \boldsymbol{x}_9$ と $\boldsymbol{x}_2 \odot \boldsymbol{x}_9$ の内積であり，共通な因子がある 2 つの交互作用が直交するという性質に基づく．飽和度 $v = 1$ の直交計画とその列の並べ替えの場合には，$\boldsymbol{X}_2^\top \boldsymbol{X}_2$ に対応する内積からなる行列が $20\boldsymbol{I}_{20}$ となるのに対し，交互作用を追加する場合には 0 でない要素が増える．

さらに $\boldsymbol{X}_1^\top \boldsymbol{X}_2$ は,

$$
\begin{pmatrix}
0 & 0 & 0 & 0 & 0 & 0 & 0 & 0 & 0 & 0 & 0 & 0 & 0 & 0 & 0 & 0 & 0 & 0 & 12 \\
0 & 4 & -4 & -4 & -4 & 4 & -4 & 12 & 4 & 4 & -4 & -4 & 4 & -4 & 4 & 4 & 4 & 4 & 0 \\
4 & 0 & 4 & 4 & 12 & 4 & -4 & 4 & 4 & 4 & -4 & -4 & -4 & 4 & -4 & -4 & 4 & -4 & -4 \\
-4 & 4 & 0 & 4 & -4 & 4 & -4 & -4 & 4 & -4 & 4 & 4 & -4 & 4 & 4 & 4 & 12 & -4 & -4 \\
-4 & 4 & 4 & 0 & 4 & -4 & 4 & 4 & -4 & -4 & 4 & -4 & 12 & 4 & 4 & -4 & 4 & -4 & -4 \\
-4 & 12 & -4 & 4 & 0 & -4 & 4 & 4 & 4 & 4 & 4 & 4 & -4 & 4 & -4 & -4 & -4 & 4 & 4 \\
4 & 4 & 4 & -4 & -4 & 0 & 4 & -4 & -4 & 12 & -4 & 4 & 4 & 4 & -4 & 4 & 4 & -4 & 4 \\
-4 & -4 & -4 & 4 & 4 & 4 & 0 & -4 & -4 & 4 & -4 & 4 & 4 & 4 & 4 & -4 & 4 & 12 & 4 \\
12 & 4 & -4 & 4 & 4 & -4 & -4 & 0 & -4 & -4 & 4 & 4 & 4 & -4 & -4 & 4 & 4 & 4 & 0 \\
4 & 4 & 4 & -4 & 4 & -4 & -4 & -4 & 0 & 4 & 4 & -4 & -4 & 4 & 12 & 4 & -4 & 4 & -4 \\
4 & 4 & -4 & -4 & 4 & 12 & 4 & -4 & 4 & 0 & 4 & 4 & 4 & -4 & 4 & -4 & -4 & -4 & -4 \\
-4 & -4 & 4 & 4 & 4 & -4 & -4 & 4 & 4 & 4 & 0 & 12 & 4 & -4 & 4 & 4 & -4 & -4 & 4 \\
-4 & -4 & 4 & -4 & 4 & 4 & 4 & 4 & -4 & 4 & 12 & 0 & -4 & -4 & -4 & 4 & 4 & 4 & -4 \\
4 & -4 & -4 & 12 & -4 & 4 & 4 & 4 & -4 & 4 & 4 & -4 & 0 & 4 & 4 & 4 & -4 & -4 & 4 \\
-4 & 4 & 4 & 4 & 4 & 4 & 4 & -4 & 4 & -4 & -4 & -4 & 4 & 0 & -4 & 12 & -4 & 4 & 4 \\
4 & -4 & 4 & 4 & -4 & -4 & 4 & -4 & 12 & 4 & 4 & -4 & 4 & -4 & 0 & -4 & 4 & 4 & 4 \\
4 & -4 & 4 & -4 & -4 & 4 & -4 & 4 & 4 & -4 & 4 & 4 & 4 & 12 & -4 & 0 & -4 & 4 & 4 \\
4 & 4 & 12 & 4 & -4 & 4 & 4 & 4 & -4 & -4 & -4 & 4 & -4 & -4 & 4 & -4 & 0 & 4 & -4 \\
4 & -4 & -4 & -4 & 4 & -4 & 12 & 4 & 4 & -4 & -4 & 4 & -4 & 4 & 4 & 4 & 4 & 0 & 4
\end{pmatrix}
$$

となる．この行列において，すべての列ベクトルに 0，4，−4，12 が，それぞれ 2，9，7，1 個含まれる．また，列ベクトルの要素の 2 乗和は $N^2 = 400$ となる．一方，行ベクトルについて考えると，要素の 2 乗和は一定ではない．これは，$\boldsymbol{X}_1$ は飽和度 $v = 1$ の直交計画であるのに対し，$\boldsymbol{X}_2$ がそうではないことに起因する．

### 直交性の評価

交互作用列の追加による方法は，構成する計画の列数に対する柔軟性がある．計画全体の直交性は，列の選択方法により異なる．$N = 12, 24$ の過飽和実験計画について，Lin (1993), Wu(1993) に掲載されている計画の $E\left(s^2\right)$ の値，そのときの $E\left(s^2\right)$ に関する下界を表 3.12 に示す．なお，下界 1 は式 (2.3) の Nguyen (1996), Tang and Wu (1997) による下界であり，下界 2 は式 (2.5) の Butler et al. (2001) による下界である．

この表から，列数 $p$ が $(N-1)$ の 2 倍の場合には，Lin (1993) による

**表 3.12** Lin (1993), Wu (1993) による過飽和実験計画の交絡の比較

| $N=12$ | | | | | $N=24$ | | | | |
|---|---|---|---|---|---|---|---|---|---|
| $p$ | Lin | Wu | 下界 1 | 下界 2 | $p$ | Lin | Wu | 下界 1 | 下界 2 |
| 16 | 6.27 | 6.00 | 4.36 | 4.91 | 30 | 11.59 | 9.27 | 6.04 | 6.88 |
| 18 | 6.59 | 6.59 | 5.39 | 5.39 | 45 | 12.80 | 12.80 | 12.52 | 12.80 |
| 21 | 6.86 | 6.86 | 6.55 | 6.86 | 46 | 12.80 | 13.29 | 12.80 | 12.80 |
| 22 | 6.86 | 7.40 | 6.86 | 6.86 | | | | | |
| 24 | — | 8.17 | 7.40 | 7.82 | | | | | |

下界 1：Nguyen (1996), Tang and Wu (1997) の下界

下界 2：Butler et al. (2001) の下界

—：該当なし

半分実施計画が，Wu (1993) の交互作用の追加による計画に比べ $E\left(s^2\right)$ においてよい結果を与えている．これ以外の場合には，半分実施計画に比べて交互作用の追加計画の方がよい場合が多い．

また半分実施計画では，最大で $2(N-1)$ 列なので，$N=12$, $p=24$ の計画は構成できない．一方，交互作用の追加計画では，$N=12$, $p=24$ の計画が構成できるなど，多くの列からなる過飽和実験計画が構成できる．

$E\left(s^2\right)$ の最適性から考えると，プラケット・バーマン計画の半分実施計画は，$p=2(N-1)$, $p=2(N-1)-1$ の下で $E\left(s^2\right)$ の下界 1，あるいは，下界 2 に等しく，$E\left(s^2\right)$ の意味で最適である．それ以外の $p$ においては，最適性をこれらの下界では説明できない．

さらに，$p=2(N-1)-1$ の場合には，Nguyen (1996), Tang and Wu (1997) による下界 1 に等しくないものの，Butler et al. (2001) による下界 2 に等しく $E\left(s^2\right)$ の意味で最適である．これは，下界 2 が下界 1 に比べて精密なので最適性を示していて，下界の改善効果があると解釈することもできる．

### 3.3.2 割り付けた主効果と 2 因子交互作用の完全交絡を避ける構成

割り付けた因子の 2 因子交互作用が存在したとしても，それが主効果

と完全交絡しない過飽和実験計画は，下記により構成できる (飯田, 1994).

1. $N = 12$ のプラケット・バーマン計画 $(\boldsymbol{x}_1, \ldots, \boldsymbol{x}_{11})$ に，要素が1である $(N \times 1)$ ベクトル $\boldsymbol{x}_0$ を加えて12列にする.
2. これを2つの集合に分ける．例えば，$\{\boldsymbol{x}_0, \ldots, \boldsymbol{x}_5\}$ と $\{\boldsymbol{x}_6, \ldots, \boldsymbol{x}_{11}\}$ とする.
3. それぞれの集合から1列ずつを取り出し，アダマール積により2因子交互作用列を構成する．例えば，一方の集合から $\boldsymbol{x}_0$ を，他方の集合から $\boldsymbol{x}_6$ を取り出し，2因子交互作用列 $\boldsymbol{x}_0 \odot \boldsymbol{x}_6$ を構成する.
4. 上記で求めた交互作用列により，過飽和実験計画を構成する．例では，$6 \times 6 = 36$ 列の交互作用列 $(\boldsymbol{x}_0 \odot \boldsymbol{x}_6, \boldsymbol{x}_0 \odot \boldsymbol{x}_7, \ldots, \boldsymbol{x}_5 \odot \boldsymbol{x}_{10}, \boldsymbol{x}_5 \odot \boldsymbol{x}_{11})$ により過飽和実験計画を構成する.

上記の例に加え，$\{\boldsymbol{x}_0, \boldsymbol{x}_1, \ldots, \boldsymbol{x}_{11}\}$ を，2列と10列，3列と9列，4列と8列，5列と7列に分けることで，実験回数 $N = 12$ で，20, 27, 32, 35列からなる過飽和実験計画を構成できる.

## 3.4 特定の構造を取り入れた構成とその評価

### 3.4.1 2水準過飽和実験計画の構成

**直交計画を含む過飽和実験計画の構成**

2水準過飽和実験計画のみならず，2水準計画の構成において $(N \times p)$ 計画行列 $\boldsymbol{X}$ を用いて，

$$\boldsymbol{X}^* = \begin{pmatrix} \mathbf{1} & \boldsymbol{X} & \boldsymbol{X} \\ -\mathbf{1} & \boldsymbol{X} & -\boldsymbol{X} \end{pmatrix} \tag{3.2}$$

により，$(2N \times (2p+1))$ 計画行列を構成する．この方法によれば，$\boldsymbol{X}$ が直交計画であれば $\boldsymbol{X}^*$ も直交計画となる．例えば，$(8 \times 7)$ の2水準直交計画 $\boldsymbol{X}$ を用いると，$\boldsymbol{X}^*$ は $(16 \times 15)$ の2水準直交計画となる．前述の直交表 $L_{16}(2^{15})$ は，このように $L_8(2^7)$ から導かれる.

この方法は，過飽和実験計画の構成にも適用できる．例えば，$(N \times$

$(N-1))$ の直交計画 $\boldsymbol{X}_0$ と，$(N \times p)$ の 2 水準からなる行列 $\boldsymbol{X}_+$ を加えると，$\boldsymbol{X} = (\boldsymbol{X}_0, \boldsymbol{X}_+)$ は直交計画を含む $(N \times (N-1+p))$ 過飽和実験計画となる．これの計画には，因子を効果の推定の重要性から 2 つのグループに分け，重要と思われるグループを直交計画に割り付け，これらの因子の効果は精度よく推定しようというねらいがある．効果に関する事前の知識を応用するというアプローチとして，Watson (1961) では因子をいくつかのグループに分け，グループでの効果に事前分布を取り入れたスクリーニング方法を示している．事前分布を設定するまでの知識を必要としないが，重要かそうでないかという 2 群に分けるための知識を要求している計画となる (Yamada and Lin, 1997)．グループを導入して直交，交絡関係を考慮する点で類似するものとして，グループ間では直交するがグループ内では部分的に交絡する過飽和実験計画がある (Jones et al., 2020)．

直交計画を含む過飽和実験計画について，式 (3.2) を応用し

$$\boldsymbol{X}^* = \begin{pmatrix} \boldsymbol{1} & \boldsymbol{X}_0 & \boldsymbol{X}_0 & \boldsymbol{X}_+ & \boldsymbol{X}_+ \\ -\boldsymbol{1} & \boldsymbol{X}_0 & -\boldsymbol{X}_0 & \boldsymbol{X}_+ & -\boldsymbol{X}_+ \end{pmatrix} \tag{3.3}$$

により構成する．例えば，実験回数 $N = 8$ の場合に，

$$\boldsymbol{X}_0 = \begin{pmatrix} -1 & -1 & -1 & -1 & -1 & -1 & -1 \\ -1 & -1 & -1 & 1 & 1 & 1 & 1 \\ -1 & 1 & 1 & -1 & -1 & 1 & 1 \\ -1 & 1 & 1 & 1 & 1 & -1 & -1 \\ 1 & -1 & 1 & -1 & 1 & -1 & 1 \\ 1 & -1 & 1 & 1 & -1 & 1 & -1 \\ 1 & 1 & -1 & -1 & 1 & 1 & -1 \\ 1 & 1 & -1 & 1 & -1 & -1 & 1 \end{pmatrix}$$

は 7 列の直交計画となる．また，

$$
\boldsymbol{X}_{+} = \begin{pmatrix}
1 & 1 & 1 & 1 & 1 & 1 & -1 & -1 & -1 \\
1 & 1 & -1 & -1 & -1 & -1 & -1 & -1 & 1 \\
-1 & -1 & 1 & 1 & -1 & -1 & 1 & 1 & -1 \\
-1 & -1 & -1 & -1 & 1 & 1 & 1 & 1 & 1 \\
1 & 1 & 1 & 1 & 1 & 1 & 1 & 1 & 1 \\
-1 & -1 & 1 & -1 & 1 & -1 & -1 & -1 & -1 \\
1 & -1 & -1 & -1 & -1 & 1 & 1 & -1 & -1 \\
-1 & 1 & -1 & 1 & -1 & -1 & -1 & 1 & 1
\end{pmatrix}
$$

を $(8 \times 9)$ の過飽和実験計画とする．これにより $\boldsymbol{X} = (\boldsymbol{X}_0, \boldsymbol{X}_+)$ は $(8 \times 16)$ の過飽和実験計画となる．また，これらの $\boldsymbol{X}_0, \boldsymbol{X}_+$ を式 (3.3) で用いることにより，$(16 \times 33)$ の過飽和実験計画となる．この式 (3.3) において，列数だけを考えるのであれば，$\boldsymbol{X}_+$ の選び方に制限はない．一方，$\boldsymbol{X}_+$ の選び方を工夫することで，以下に示すとおり $E\left(s^2\right)$ 最適な過飽和実験計画を構成できる．

**低次元の過飽和実験計画から高次元の過飽和実験計画の構成**

実験回数 $N$ の計画を行方向に連結して実験回数 $2N$ を計画する際，適切な計画を選ぶことで $E\left(s^2\right)$ が最小な計画を構成することができる．実験回数 $N$，列数 $p = t(N-1) \pm r$ の過飽和実験計画 $\boldsymbol{X}$ を考える．ただし $t$ は自然数であり，また $r \leq N/2$ とする．さらに，(a) 実験回数 $N$ が 8 の倍数で $r \neq 3 \pmod 8$，または，(b)4 の倍数であるが 8 の倍数でなく $r \neq 2 \pmod 4$ かつ $r \neq 3 \pmod 8$ とする．$\boldsymbol{X}_0$ を $(N_0 \times p_0)$ の $E\left(s^2\right)$ 最適な過飽和実験計画とし，$\boldsymbol{X}_1$ を行ベクトルが互いに直交し，$\boldsymbol{X}_1\boldsymbol{X}_1^\top = p_1\boldsymbol{I}_{N_0}$ が成り立つ $(N_0 \times p_1)$ 行列とする．このとき

$$
\boldsymbol{X} = \begin{pmatrix} \boldsymbol{X}_0 & \boldsymbol{X}_1 \\ \boldsymbol{X}_0 & -\boldsymbol{X}_1 \end{pmatrix} \tag{3.4}
$$

とすると，$\boldsymbol{X}$ は実験回数 $N = 2N_0$，列数 $p = p_0 + p_1$ の $E\left(s^2\right)$ 最適な過飽和実験計画となる (Butler et al., 2001)．ただし，

$$
\begin{aligned}
p &= t\,(N-1) \pm r \qquad (0 \leq r \leq N/2) \\
p_0 &= t\,(N_0-1) \pm r_0 \\
r_0 &= r + 4\left\lfloor \frac{r}{8} \right\rfloor - 4\left\lfloor \frac{r}{4} \right\rfloor \\
p_1 &= tN_0 + r_1 \\
r_1 &= 4\left\lfloor \frac{r+4}{8} \right\rfloor
\end{aligned}
$$

であり，$\lfloor\cdot\rfloor$ は床関数である．

例えば，Tang and Wu (1997) による $(12 \times 24)$ の過飽和実験計画を考える．これは，$N_0 = 12$ のプラケット・バーマン計画

$$
\boldsymbol{X}_{01} = \begin{pmatrix}
1 & 1 & 1 & 1 & 1 & 1 & 1 & 1 & 1 & 1 & 1 \\
-1 & 1 & -1 & 1 & 1 & 1 & -1 & -1 & -1 & 1 & -1 \\
-1 & -1 & 1 & -1 & 1 & 1 & 1 & -1 & -1 & -1 & 1 \\
1 & -1 & -1 & 1 & -1 & 1 & 1 & 1 & -1 & -1 & -1 \\
-1 & 1 & -1 & -1 & 1 & -1 & 1 & 1 & 1 & -1 & -1 \\
-1 & -1 & 1 & -1 & -1 & 1 & -1 & 1 & 1 & 1 & -1 \\
-1 & -1 & -1 & 1 & -1 & -1 & 1 & -1 & 1 & 1 & 1 \\
1 & -1 & -1 & -1 & 1 & -1 & -1 & 1 & -1 & 1 & 1 \\
1 & 1 & -1 & -1 & -1 & 1 & -1 & -1 & 1 & -1 & 1 \\
1 & 1 & 1 & -1 & -1 & -1 & 1 & -1 & -1 & 1 & -1 \\
-1 & 1 & 1 & 1 & -1 & -1 & -1 & 1 & -1 & -1 & 1 \\
1 & -1 & 1 & 1 & 1 & -1 & -1 & -1 & 1 & -1 & -1
\end{pmatrix}
$$

に，その行を入れ替えた計画

$$
\boldsymbol{X}_{02} = \begin{pmatrix}
1 & 1 & 1 & 1 & 1 & 1 & 1 & 1 & 1 & 1 & 1 \\
-1 & 1 & -1 & 1 & 1 & 1 & -1 & -1 & -1 & 1 & -1 \\
-1 & -1 & 1 & -1 & 1 & 1 & 1 & -1 & -1 & -1 & 1 \\
1 & -1 & -1 & 1 & -1 & 1 & 1 & 1 & -1 & -1 & -1 \\
1 & 1 & 1 & -1 & -1 & -1 & 1 & -1 & -1 & 1 & -1 \\
-1 & -1 & 1 & -1 & -1 & 1 & -1 & 1 & 1 & 1 & -1 \\
-1 & 1 & -1 & -1 & 1 & -1 & 1 & 1 & 1 & -1 & -1 \\
-1 & -1 & -1 & 1 & -1 & -1 & 1 & -1 & 1 & 1 & 1 \\
-1 & 1 & 1 & 1 & -1 & -1 & -1 & 1 & -1 & -1 & 1 \\
1 & -1 & -1 & -1 & 1 & -1 & -1 & 1 & -1 & 1 & 1 \\
1 & -1 & 1 & 1 & 1 & -1 & -1 & -1 & 1 & -1 & -1 \\
1 & 1 & -1 & -1 & -1 & 1 & -1 & -1 & 1 & -1 & 1
\end{pmatrix}
$$

と，直交する 2 つのベクトル

$$
(\boldsymbol{x}_{23}, \boldsymbol{x}_{24}) = \begin{pmatrix}
1 & 1 \\
-1 & -1 \\
1 & 1 \\
-1 & -1 \\
-1 & 1 \\
1 & -1 \\
1 & -1 \\
-1 & 1 \\
-1 & -1 \\
-1 & 1 \\
1 & 1 \\
1 & -1
\end{pmatrix}
$$

を追加し，$\boldsymbol{X}_0 = (\boldsymbol{X}_{01}, \boldsymbol{X}_{02}, \boldsymbol{x}_{23}, \boldsymbol{x}_{24})$ として構成したものである．このように構成すると $E\left(s^2\right) = 7.826$ となり，式 (2.5) に示す Bulter et al. (2001) の $E\left(s^2\right)$ に関する下界に等しいので，$E\left(s^2\right)$ 最適な過飽和実験計画となる．

次に，行ベクトルが互いに直交する $(12 \times 24)$ の計画 $\boldsymbol{X}_1$ を

$$
\boldsymbol{X}_1^\top = \begin{pmatrix}
1 & 1 & 1 & 1 & 1 & 1 & 1 & 1 & 1 & 1 & 1 & 1 \\
-1 & -1 & -1 & -1 & -1 & 1 & -1 & 1 & -1 & -1 & 1 & 1 \\
1 & -1 & -1 & -1 & -1 & -1 & 1 & -1 & 1 & -1 & -1 & 1 \\
1 & 1 & -1 & -1 & -1 & -1 & -1 & 1 & -1 & 1 & -1 & -1 \\
1 & 1 & 1 & -1 & -1 & -1 & -1 & -1 & 1 & -1 & 1 & -1 \\
1 & 1 & 1 & 1 & -1 & -1 & -1 & -1 & -1 & 1 & -1 & 1 \\
-1 & 1 & 1 & 1 & 1 & -1 & -1 & -1 & -1 & -1 & 1 & -1 \\
1 & -1 & 1 & 1 & 1 & 1 & -1 & -1 & -1 & -1 & -1 & 1 \\
-1 & 1 & -1 & 1 & 1 & 1 & 1 & -1 & -1 & -1 & -1 & -1 \\
1 & -1 & 1 & -1 & 1 & 1 & 1 & 1 & -1 & -1 & -1 & -1 \\
1 & 1 & -1 & 1 & -1 & 1 & 1 & 1 & 1 & -1 & -1 & -1 \\
-1 & 1 & 1 & -1 & 1 & -1 & 1 & 1 & 1 & 1 & -1 & -1 \\
-1 & -1 & 1 & 1 & -1 & 1 & -1 & 1 & 1 & 1 & 1 & -1 \\
1 & -1 & -1 & 1 & 1 & -1 & 1 & -1 & 1 & 1 & 1 & 1 \\
1 & 1 & -1 & -1 & 1 & 1 & -1 & 1 & -1 & 1 & 1 & 1 \\
-1 & 1 & 1 & -1 & -1 & 1 & 1 & -1 & 1 & -1 & 1 & 1 \\
-1 & -1 & 1 & 1 & -1 & -1 & 1 & 1 & -1 & 1 & -1 & 1 \\
1 & -1 & -1 & 1 & 1 & -1 & -1 & 1 & 1 & -1 & 1 & -1 \\
-1 & 1 & -1 & -1 & 1 & 1 & -1 & -1 & 1 & 1 & -1 & 1 \\
1 & -1 & 1 & -1 & -1 & 1 & 1 & -1 & -1 & 1 & 1 & -1 \\
-1 & 1 & -1 & 1 & -1 & -1 & 1 & 1 & -1 & -1 & 1 & 1 \\
-1 & -1 & 1 & -1 & 1 & -1 & -1 & 1 & 1 & -1 & -1 & 1 \\
-1 & -1 & -1 & 1 & -1 & 1 & -1 & -1 & 1 & 1 & -1 & -1 \\
-1 & -1 & -1 & -1 & 1 & -1 & 1 & -1 & -1 & 1 & 1 & -1
\end{pmatrix}
$$

とする．上記は，転置した $\boldsymbol{X}_1^\top$ で記述している．この $\boldsymbol{X}_1$ は，$N = 24$ の $(24 \times 23)$ のプラケット・バーマン計画から 12 列を選び，行と列を入れ替えて行ベクトルが互いに直交するようにしている．なお，$N = 24$ の $(24 \times 23)$ のプラケット・バーマン計画からどの列を選ぼうとも $E\left(s^2\right)$ 最適な過飽和実験計画となるが，選び方によって内積の 2 乗値 $s_{ij}^2$ の分布は異なる．

これらの $\boldsymbol{X}_0, \boldsymbol{X}_1$ を式 (3.4) に用いることで，$(24 \times 48)$ の過飽和実験計画となる．ただし，$N_0 = 12$，$N = 24$，$t = 2$，$p_0 = 24$，$r = r_0 = 2$，$p_1 = 24$，$r_1 = 0$ である．この $(24 \times 48)$ 過飽和実験計画では，$E\left(s^2\right) = 13.787$ となり，$E\left(s^2\right)$ の下界に等しいので $E\left(s^2\right)$ 最適な過飽和実験計画となる．

上記は，$E\left(s^2\right)$ 最適な計画 $\boldsymbol{X}_0$ に，1 種類の計画を組み合わせている．これを，$k$ 種類組み合わせるように一般化できる．$(N \times p)$ の過飽和実験

計画 $\boldsymbol{X}$ を考える．ただし，$p = t\,(N-1) \pm r\ (0 \le r \le N/2)$ とする．要素がすべて1の $\left(2^k \times 1\right)$ ベクトルを $\mathbf{1}_{2^k}$，$a_1 = (1, -1)^\top$，$a_2 = (1, -1, 1, -1)^\top$ というように，奇数番目の要素が1，偶数番目の要素が $-1$ の $\left(2^k \times 1\right)$ ベクトルを $\boldsymbol{a}_k$ とする．$\boldsymbol{X}_0$ を $E\left(s^2\right)$ 最適な $(N_0 \times p_0)$ 過飽和実験計画とし，$\boldsymbol{X}_j\ (j = 1, \ldots, k)$ を要素が $-1, 1$ のいずれかの $(N_j \times p_j)$ 行列で，行ベクトルが互いに直交するものとする．このとき，クロネッカー積を $\otimes$ とすると

$$\boldsymbol{X} = (\mathbf{1}_{2^k} \otimes \boldsymbol{X}_0, \boldsymbol{a}_1 \otimes \boldsymbol{X}_1, \boldsymbol{a}_2 \otimes \boldsymbol{X}_2, \ldots, \boldsymbol{a}_k \otimes \boldsymbol{X}_k)$$

が $E\left(s^2\right)$ 最適な過飽和実験計画となる．ただし，$N_0 = N/2^k$，$N_j = N/2^{p_j}$，$p_j = t(N_j - 1) + r_j$ であり，$r_0, r_1, \ldots, r_k$，$p_1, \ldots, p_k$ に関し，前述の $k = 1$ の場合と同様にいくつかの条件がある (Butler et al., 2001).

### 3.4.2　混合水準過飽和実験計画の構成

#### 直交計画を含む混合水準過飽和実験計画の構成

2水準列からなる $(N \times p)$ 計画 $\boldsymbol{X}^2 = \left(\boldsymbol{x}_1^2, \ldots, \boldsymbol{x}_p^2\right)$ と3水準からなる $(N \times q)$ 計画 $\boldsymbol{X}^3 = \left(\boldsymbol{x}_1^3, \ldots, \boldsymbol{x}_q^3\right)$ について，$\left(\boldsymbol{X}^2, \boldsymbol{X}^3\right)$ とすると，飽和度 $v = (p + 2q)\,/\,(N-1)$ が1より大きい場合に混合水準過飽和実験計画となる．その際，$E_(x^2)$ が $E\left(s^2\right)$ と同様の性質を持つことを利用して，直交計画を含む混合水準過飽和実験計画を構成できる．例えば，$(12 \times 11)$ の2水準直交計画

$$\boldsymbol{X}^2 = \left(\boldsymbol{x}_1^2, \ldots, \boldsymbol{x}_{11}^2\right) \begin{pmatrix} 1 & 1 & 1 & 1 & 2 & 1 & 1 & 2 & 2 & 2 & 2 \\ 1 & 1 & 1 & 2 & 1 & 2 & 2 & 1 & 1 & 2 & 2 \\ 1 & 1 & 2 & 1 & 1 & 2 & 2 & 2 & 2 & 1 & 1 \\ 1 & 2 & 2 & 2 & 1 & 1 & 1 & 1 & 2 & 1 & 2 \\ 1 & 2 & 1 & 2 & 2 & 1 & 2 & 2 & 1 & 1 & 1 \\ 1 & 2 & 2 & 1 & 2 & 2 & 1 & 1 & 1 & 2 & 1 \\ 2 & 1 & 2 & 1 & 2 & 1 & 2 & 1 & 1 & 1 & 2 \\ 2 & 1 & 1 & 2 & 2 & 2 & 1 & 1 & 2 & 1 & 1 \\ 2 & 1 & 2 & 2 & 1 & 1 & 1 & 2 & 1 & 2 & 1 \\ 2 & 2 & 1 & 1 & 1 & 2 & 1 & 2 & 1 & 1 & 2 \\ 2 & 2 & 1 & 1 & 1 & 1 & 2 & 1 & 2 & 2 & 1 \\ 2 & 2 & 2 & 2 & 2 & 2 & 2 & 2 & 2 & 2 & 2 \end{pmatrix}$$

と，3 水準の計画

$$\boldsymbol{X}_a^3 = \begin{pmatrix} 1&1&1&1&1\\ 1&1&1&2&2\\ 1&2&2&1&2\\ 1&3&3&3&3\\ 2&1&2&2&3\\ 3&1&3&3&2\\ 2&2&1&3&1\\ 2&2&2&3&3\\ 2&3&3&1&2\\ 3&2&3&2&1\\ 3&3&1&1&3\\ 3&3&2&2&1 \end{pmatrix},\quad \boldsymbol{X}_b^3 = \begin{pmatrix} 1&1&1&1&1&1&1\\ 1&1&1&1&2&2&2\\ 1&2&2&2&1&1&2\\ 1&2&2&2&2&2&1\\ 2&1&2&3&1&3&3\\ 3&2&1&3&2&3&3\\ 2&2&3&1&3&3&1\\ 2&3&1&2&3&2&3\\ 2&3&3&3&2&1&2\\ 3&3&2&1&3&1&3\\ 3&3&3&2&1&3&1\\ 3&1&3&3&3&2&2 \end{pmatrix}$$

のいずれかを組み合わせ，$\left(\boldsymbol{X}^2, \boldsymbol{X}^3\right)$ という混合水準過飽和実験計画を構成する．あとで詳細を説明するように，$\boldsymbol{X}_a^3$ は $\chi^2$ が全体的に小さく列数が少ない．$\boldsymbol{X}_b^3$ はその逆である．

このうち，$\boldsymbol{X}^2 = \left(\boldsymbol{x}_1^2, \ldots, \boldsymbol{x}_{11}^2\right)$ は 2 水準直交計画で飽和度 $v = 1$ となる．この直交計画と，1, 2, 3 の出現頻度が等しい任意の 3 水準ベクトル $\boldsymbol{x}^3$ について

$$\sum_{i=1}^{11} \chi^2\left(\boldsymbol{x}_i^2, \boldsymbol{x}^3\right) = 2N = 24 \tag{3.5}$$

が成り立つ．一般には，$l_1$ 水準で $v = 1$ の直交計画 $\boldsymbol{x}_1^{l_1}, \ldots, \boldsymbol{x}_{(N-1)/(l_1-1)}^{l_1}$ と，$1, \ldots, l_2$ の出現頻度が等しい任意の $l_2$ 水準ベクトル $\boldsymbol{x}^{l_2}$ について，

$$\sum_{i=1}^{(N-1)/(l_1-1)} \chi^2\left(\boldsymbol{x}_i^{l_1}, \boldsymbol{x}^{l_2}\right) = (l_2 - 1)\,N \tag{3.6}$$

が成り立つ (Yamada and Matsui, 2002).

前述の式 (2.7)，式 (2.9) は，$v = 1$ の $l$ 水準直交計画と $l$ 水準ベクトルの $\chi^2$ 値の和が一定になることを示している．これを一般化した 式 (3.5)，式 (3.6) では，$v = 1$ の $l_1$ 水準直交計画と $l_2$ 水準ベクトルの $\chi^2$ 値の和が一定になることを示している．

この混合水準過飽和実験計画 $(\boldsymbol{X}^2, \boldsymbol{X}^3)$ について，2水準計画は直交しているので $\chi^2$ 値の合計 $\sum_{i=1}^{10}\sum_{j=i+1}^{11}\chi^2(\boldsymbol{x}_i, \boldsymbol{x}_j)$ は0となる．また，式(3.5)より，2水準計画 $\boldsymbol{X}^2$ のベクトル $\boldsymbol{x}_i^2$ と3水準計画 $\boldsymbol{X}^3$ と $\boldsymbol{x}^3$ について，$\chi^2$ 値を合計すればその値は3水準の列数のみに依存し，3水準ベクトルの取り方に依存せず一定の値となる．したがって，$\boldsymbol{X}^2$ を飽和度 $v = 1$ の直交計画とし，$(\boldsymbol{X}^2, \boldsymbol{X}^3)$ という計画全体で $\chi^2$ 値を小さくするためには，$\boldsymbol{X}^3$ の $\chi^2$ 値の合計に着目し，これが小さくなる計画を構成すればよい．

先の $\boldsymbol{X}_a^3$ は5列あり，これらから2列を選ぶとその $\chi^2$ 値はすべて1.5となる．また，$\boldsymbol{X}_b^3$ は7列あり，これから2列を選ぶと $\chi^2 = 1.5$ となるものが10，$\chi^2 = 3.0$ となるものが11となる．$N = 12$ の場合には，3水準列間の $\chi^2$ 値のとりうる値は $\{1.5, 3.0, 6.0, 11.5, 12.0, 15.0, 24.0\}$ である．

$N = 12$ の3水準列の場合には，$\chi^2 = 0$ とならず，最も0に近い組合せ，それに続く組合せが

| $\boldsymbol{x}_1^3 \backslash \boldsymbol{x}_2^3$ | 1 | 2 | 3 | 計 |
|---|---|---|---|---|
| 1 | 2 | 1 | 1 | 4 |
| 2 | 1 | 2 | 1 | 4 |
| 3 | 1 | 1 | 2 | 4 |
| 計 | 4 | 4 | 4 | 12 |

| $\boldsymbol{x}_3^3 \backslash \boldsymbol{x}_4^3$ | 1 | 2 | 3 | 計 |
|---|---|---|---|---|
| 1 | 2 | 0 | 2 | 4 |
| 2 | 1 | 2 | 1 | 4 |
| 3 | 1 | 2 | 1 | 4 |
| 計 | 4 | 4 | 4 | 12 |

| $\boldsymbol{x}_5^3 \backslash \boldsymbol{x}_6^3$ | 1 | 2 | 3 | 計 |
|---|---|---|---|---|
| 1 | 2 | 0 | 2 | 4 |
| 2 | 0 | 3 | 1 | 4 |
| 3 | 2 | 1 | 1 | 4 |
| 計 | 4 | 4 | 4 | 12 |

であり，$\chi^2(\boldsymbol{x}_1^3, \boldsymbol{x}_2^3) = 1.5$，$\chi^2(\boldsymbol{x}_3^3, \boldsymbol{x}_4^3) = 3.0$，$\chi^2(\boldsymbol{x}_5^3, \boldsymbol{x}_6^3) = 6.0$ である．これらより，$\boldsymbol{X}_a^3$，$\boldsymbol{X}_b^3$ ともに直交に近い列で構成されている．

このようにして構成した混合水準過飽和実験計画 $(\boldsymbol{X}^2, \boldsymbol{X}^3)$ について，評価結果を表3.13に示す．まず2水準の計画については，列数が $N - 1 = 11$ であり飽和度 $v = 1$ となる．これは互いに直交する列で構成されているので，$\chi^2$ 値の合計は0となる．3水準の計画について，$\boldsymbol{X}_a^3$ はこの計画単体では飽和していない．一方，$\boldsymbol{X}_b^3$ は7列からなり飽和度 $v = 1.27$，$\chi^2$ 値の合計の下界が22.9である．これに対して実際の $\chi^2$ 値の合計は48.0であり，その比は0.47になり低い値となっている．この下界/$\chi^2$ の合計値を，計画がどのくらいよいかを示す $\chi^2$ 効率と呼ぶ．前述

**表 3.13** 2，3 水準過飽和実験計画の評価

| | 2 水準 | 3 水準 | | 混合水準 | |
|---|---|---|---|---|---|
| | $\boldsymbol{X}^2$ | $\boldsymbol{X}_a^3$ | $\boldsymbol{X}_b^3$ | $(\boldsymbol{X}^2, \boldsymbol{X}_a^3)$ | $(\boldsymbol{X}^2, \boldsymbol{X}_b^3)$ |
| 列数 | 11 | 5 | 7 | 16 | 18 |
| 飽和度 | 1 | 0.91 | 1.27 | 1.91 | 2.27 |
| 下界値 | 0 | — | 22.9 | 114.5 | 190.9 |
| $\chi^2$ 合計 | 0 | 15.0 | 48.0 | 135.0 | 216.0 |
| 下界値/$\chi^2$ 合計 | — | — | 0.47 | 0.85 | 0.88 |

のとおり，この計画は直交に近い列で構成できている．一方 $\chi^2$ 値の和について真の最適値と下界値との乖離が大きくなる場合があり，効率の評価が厳しくなっている可能性がある．

次に，混合水準過飽和実験計画全体として考える．$\left(\boldsymbol{X}^2, \boldsymbol{X}_a^3\right)$ の場合には飽和度 $v = 1.91$ であり，そのときの $\chi^2$ の合計の下界が 114.5 である．これに対して実際の $\chi^2$ 値の合計は 135.0 であり，その比である $\chi^2$ 効率は 0.85 になる．この値が 1 になると $\chi^2$ 値の和が最小な計画である．$\chi^2$ 効率について，実験回数 $N$，飽和度 $v$ が等しい場合には，$\chi^2$ 効率は計画を比較する際の基準となる．一方，実験回数 $N$ が異なる場合には，この $\chi^2$ 効率により計画を比較するのは好ましくない．これは，よい計画を構成しやすい実験回数，しにくい実験回数があるものの，それが下界に反映されていないためである．さらに，実験回数 $N$ が等しく飽和度 $v$ が異なる場合には，詳細な比較はできないが，計画のよさに関するおおよその目安になる．これを踏まえて考えると，$\left(\boldsymbol{X}^2, \boldsymbol{X}_b^3\right)$ の混合水準過飽和実験計画の場合には，$\boldsymbol{X}_a^3$ を用いる場合に比べ効率が向上することを示唆している．

#### 低次元の混合水準過飽和実験計画から高次元の計画の構成

実験回数 $N$ が小さい場合に好ましい性質を持つ行列を列挙し，それをもとにより大きな $N$ の過飽和実験計画を構成し，直交の性質を保証する

過飽和実験計画の構成方法もある (Yamada and Lin, 2002; Yamada et al., 2006). これは，2水準の場合の式 (3.2) の一般化とみなしうる．まず，$N = 6$ の2水準，3水準の計画を次のとおりとする．この構成方法は，$N = 6$ を出発点とし $2N$, $3N$, $4N$ というように，行数が多い計画を構成するものであり，本節では $\boldsymbol{X}_6^2, \boldsymbol{X}_6^3$ のように上付き添え字で水準数を，下付き添え字で行数をあらわす．

下記の2, 3水準過飽和実験計画 $\boldsymbol{X}_6^2$, $\boldsymbol{X}_6^3$ は，$\chi^2$ の合計値が下界に等しく，最適な過飽和実験計画である．

$$\boldsymbol{X}_6^2 = \begin{pmatrix} 1 & 1 & 1 & 1 & 1 & 1 & 1 & 1 & 1 & 1 \\ 1 & 1 & 1 & 1 & 2 & 2 & 2 & 2 & 2 & 2 \\ 1 & 2 & 2 & 2 & 1 & 1 & 1 & 2 & 2 & 2 \\ 2 & 1 & 2 & 2 & 1 & 2 & 2 & 1 & 1 & 2 \\ 2 & 2 & 1 & 2 & 2 & 1 & 2 & 1 & 2 & 1 \\ 2 & 2 & 2 & 1 & 2 & 2 & 1 & 2 & 1 & 1 \end{pmatrix}, \quad \boldsymbol{X}_6^3 = \begin{pmatrix} 1 & 1 & 1 & 1 & 1 \\ 2 & 1 & 2 & 3 & 3 \\ 3 & 2 & 3 & 3 & 1 \\ 1 & 2 & 2 & 2 & 2 \\ 2 & 3 & 3 & 1 & 2 \\ 3 & 3 & 1 & 2 & 3 \end{pmatrix}$$

$\boldsymbol{X}_6^2, \boldsymbol{X}_6^3$ ともに飽和度は2であり，混合水準過飽和実験計画 $\left(\boldsymbol{X}_6^2, \boldsymbol{X}_6^3\right)$ の飽和度は4となる．また，2水準列間の $\chi^2$ 値はすべて0.67，3水準列間の $\chi^2$ 値はすべて3.0であり，

| $\boldsymbol{x}_i^2 \backslash \boldsymbol{x}_j^2$ | 1 | 2 | 計 |
|---|---|---|---|
| 1 | 2 | 1 | 3 |
| 2 | 1 | 2 | 3 |
| 計 | 3 | 3 | 6 |

| $\boldsymbol{x}_i^3 \backslash \boldsymbol{x}_j^3$ | 1 | 2 | 3 | 計 |
|---|---|---|---|---|
| 1 | 1 | 1 | 0 | 2 |
| 2 | 0 | 1 | 1 | 2 |
| 3 | 1 | 0 | 1 | 2 |
| 計 | 2 | 2 | 2 | 6 |

という組合せになっている．これらは，下記のような水準間が完全に交絡するものが含まれていないという好ましい性質を持つ．

| $\boldsymbol{x}_i^2 \backslash \boldsymbol{x}_j^2$ | 1 | 2 | 計 |
|---|---|---|---|
| 1 | 3 | 0 | 3 |
| 2 | 0 | 3 | 3 |
| 計 | 3 | 3 | 6 |

| $\boldsymbol{x}_i^3 \backslash \boldsymbol{x}_j^3$ | 1 | 2 | 3 | 計 |
|---|---|---|---|---|
| 1 | 2 | 0 | 0 | 2 |
| 2 | 0 | 1 | 1 | 2 |
| 3 | 0 | 1 | 1 | 2 |
| 計 | 2 | 2 | 2 | 6 |

| $\boldsymbol{x}_i^3 \backslash \boldsymbol{x}_j^3$ | 1 | 2 | 3 | 計 |
|---|---|---|---|---|
| 1 | 2 | 0 | 0 | 2 |
| 2 | 0 | 2 | 0 | 2 |
| 3 | 0 | 0 | 2 | 2 |
| 計 | 2 | 2 | 2 | 6 |

また，2水準列と3水準列の組合せでは，

| $\boldsymbol{x}_i^3 \backslash \boldsymbol{x}_j^3$ | 1 | 2 | 3 | 計 |
|---|---|---|---|---|
| 1 | 1 | 1 | 1 | 3 |
| 2 | 1 | 1 | 1 | 3 |
| 計 | 2 | 2 | 2 | 6 |

| $\boldsymbol{x}_i^3 \backslash \boldsymbol{x}_j^3$ | 1 | 2 | 3 | 計 |
|---|---|---|---|---|
| 1 | 2 | 0 | 1 | 3 |
| 2 | 0 | 2 | 1 | 3 |
| 計 | 2 | 2 | 2 | 6 |

がある．2 水準が 10 列，3 水準が 5 列あり，$10 \times 5 = 50$ のうち，20 が前者の $\chi^2 = 0$ すなわち直交であり，残りの 30 が後者の $\chi^2 = 4$ となり，$\chi^2$ 値の平均値は $E\left(\chi^2\right) = 2.4$ となる．

2 水準過飽和実験計画の場合には，$\boldsymbol{X}_6^2$ の要素 $(1, 2)$ を $(-1, 1)$ として考えると，

$$\boldsymbol{X}_{12}^2 = \begin{pmatrix} \boldsymbol{X}_6^2 & \boldsymbol{X}_6^2 \\ \boldsymbol{X}_6^2 & -\boldsymbol{X}_6^2 \end{pmatrix}$$

として構成している．同様の展開を多水準で行うために，演算子 $\oplus$ を導入する．$\boldsymbol{T}_2^2 = \begin{pmatrix} 0 & 0 \\ 0 & 1 \end{pmatrix}$ とし，$\boldsymbol{T}_2^2 \oplus \boldsymbol{X}_6^2$ を例に説明する．$\boldsymbol{T}_2^2$ の上付き添え字は水準数を，下付き添え字は行数を示す．$\boldsymbol{T}_2^2 \oplus \boldsymbol{X}_6^2$ の演算は，クロネッカー積と同様に $\left(\begin{array}{c|c} 0 & 0 \\ \hline 0 & 1 \end{array}\right) \oplus \boldsymbol{X}_6^2 = \left(\begin{array}{c|c} 0 \oplus \boldsymbol{X}_6^2 & 0 \oplus \boldsymbol{X}_6^2 \\ \hline 0 \oplus \boldsymbol{X}_6^2 & 1 \oplus \boldsymbol{X}_6^2 \end{array}\right)$ のように行い，その結果は $(12 \times 20)$ 行列となる．また，$\oplus$ は対応する要素の和から 1 を減じ，水準数 $l = 2$ の剰余に 1 を加える．例えば，$\boldsymbol{T}_2^2$ の 2 行 2 列要素 $t_{22} = 1$ と $\boldsymbol{X}_6^2$ の 3 行 1 列要素 $x_{31} = 1$ から $\boldsymbol{T}_2^2 \oplus \boldsymbol{X}_6^2$ の 9 行 11 列要素が $(t_{22} + x_{31} - 1 \mod 2) + 1 = 2$ となる．なお $(a \mod b)$ は，$a$ を $b$ で割ったときの余りをあらわす．この演算を

$$\boldsymbol{T}_2^2 \oplus \boldsymbol{X}_6^2 = \left(\begin{array}{c|c} 0 & 0 \\ \hline 0 & 1 \end{array}\right) \oplus \boldsymbol{X}_6^2 = \left(\begin{array}{c|c} 0 \oplus \boldsymbol{X}_6^2 & 0 \oplus \boldsymbol{X}_6^2 \\ \hline 0 \oplus \boldsymbol{X}_6^2 & 1 \oplus \boldsymbol{X}_6^2 \end{array}\right)$$

のすべての要素について行うと

$$
\left(\begin{array}{cccccccccc|cccccccccc}
1 & 1 & 1 & 1 & 1 & 1 & 1 & 1 & 1 & 1 & 1 & 1 & 1 & 1 & 1 & 1 & 1 & 1 & 1 & 1 \\
1 & 1 & 1 & 1 & 2 & 2 & 2 & 2 & 2 & 2 & 1 & 1 & 1 & 1 & 2 & 2 & 2 & 2 & 2 & 2 \\
1 & 2 & 2 & 2 & 1 & 1 & 1 & 2 & 2 & 2 & 1 & 2 & 2 & 2 & 1 & 1 & 1 & 2 & 2 & 2 \\
2 & 1 & 2 & 2 & 1 & 2 & 2 & 1 & 1 & 2 & 2 & 1 & 2 & 2 & 1 & 2 & 2 & 1 & 1 & 2 \\
2 & 2 & 1 & 2 & 2 & 1 & 2 & 1 & 2 & 1 & 2 & 2 & 1 & 2 & 2 & 1 & 2 & 1 & 2 & 1 \\
2 & 2 & 2 & 1 & 2 & 2 & 1 & 2 & 1 & 1 & 2 & 2 & 2 & 1 & 2 & 2 & 1 & 2 & 1 & 1 \\
\hline
1 & 1 & 1 & 1 & 1 & 1 & 1 & 1 & 1 & 1 & 2 & 2 & 2 & 2 & 2 & 2 & 2 & 2 & 2 & 2 \\
1 & 1 & 1 & 1 & 2 & 2 & 2 & 2 & 2 & 2 & 2 & 2 & 2 & 2 & 1 & 1 & 1 & 1 & 1 & 1 \\
1 & 2 & 2 & 2 & 1 & 1 & 1 & 2 & 2 & 2 & 2 & 1 & 1 & 1 & 2 & 2 & 2 & 1 & 1 & 1 \\
2 & 1 & 2 & 2 & 1 & 2 & 2 & 1 & 1 & 2 & 1 & 2 & 1 & 1 & 2 & 1 & 1 & 2 & 2 & 1 \\
2 & 2 & 1 & 2 & 2 & 1 & 2 & 1 & 2 & 1 & 1 & 1 & 2 & 1 & 1 & 2 & 1 & 2 & 1 & 2 \\
2 & 2 & 2 & 1 & 2 & 2 & 1 & 2 & 1 & 1 & 1 & 1 & 1 & 2 & 1 & 1 & 2 & 1 & 2 & 2
\end{array}\right)
$$

となる．同様に3水準についても

$$
\boldsymbol{T}_2^3 \oplus \boldsymbol{X}_6^3 = \left(\begin{array}{c|c} 0 & 0 \\ \hline 1 & 2 \end{array}\right) \oplus \boldsymbol{X}_6^3 = \left(\begin{array}{c|c} 0 \oplus \boldsymbol{X}_6^3 & 0 \oplus \boldsymbol{X}_6^3 \\ \hline 1 \oplus \boldsymbol{X}_6^3 & 2 \oplus \boldsymbol{X}_6^3 \end{array}\right)
$$

$\boldsymbol{T}_2^3$ の要素 $t_{ij}$ と $\boldsymbol{X}_6^3$ の要素 $x_{uv}$ について $(t_{ij} + x_{xv} - 1 \mod 3) + 1$ を求めると，$\boldsymbol{T}_2^3 \oplus \boldsymbol{X}_6^3$ は次式のとおりとなる．

$$
\left(\begin{array}{ccccc|ccccc}
1 & 1 & 1 & 1 & 1 & 1 & 1 & 1 & 1 & 1 \\
2 & 1 & 2 & 3 & 3 & 2 & 1 & 2 & 3 & 3 \\
3 & 2 & 3 & 3 & 1 & 3 & 2 & 3 & 3 & 1 \\
1 & 2 & 2 & 2 & 2 & 1 & 2 & 2 & 2 & 2 \\
2 & 3 & 3 & 1 & 2 & 2 & 3 & 3 & 1 & 2 \\
3 & 3 & 1 & 2 & 3 & 3 & 3 & 1 & 2 & 3 \\
\hline
2 & 2 & 2 & 2 & 2 & 3 & 3 & 3 & 3 & 3 \\
3 & 2 & 3 & 1 & 1 & 1 & 3 & 1 & 2 & 2 \\
1 & 3 & 1 & 1 & 2 & 2 & 1 & 2 & 2 & 3 \\
2 & 3 & 3 & 3 & 3 & 3 & 1 & 1 & 1 & 1 \\
3 & 1 & 1 & 2 & 3 & 1 & 2 & 2 & 3 & 1 \\
1 & 1 & 2 & 3 & 1 & 2 & 2 & 3 & 1 & 2
\end{array}\right).
$$

このように過飽和実験計画 $\boldsymbol{X}_{12}^2$，$\boldsymbol{X}_{12}^3$ を構成すると，飽和度はともに1.82となる．また，$\chi^2$ 値の最大値や平均値が好ましくなるように $\boldsymbol{T}_2^2$，$\boldsymbol{T}_2^3$ を数値的に求めている．この場合，$\chi^2$ の最大値が $\boldsymbol{X}_{12}^2$，$\boldsymbol{X}_{12}^3$ では，それぞれ1.33, 6.00となる．

これと同様に，実験回数 $N = 6$ の混合水準過飽和実験計画から実験回数 $N = 6t$ の過飽和実験計画を，表 3.14 に示す係数行列 $\boldsymbol{T}_t^2, \boldsymbol{T}_t^3$ から

$$\boldsymbol{X}_{6t}^2 = \boldsymbol{T}_t^2 \oplus \boldsymbol{X}_6^2,\ \ \boldsymbol{X}_{6t}^3 = \boldsymbol{T}_t^3 \oplus \boldsymbol{X}_6^3$$

により求める．その際，$\boldsymbol{T}_t^2$ の要素 $t_{ij}$ と $\boldsymbol{X}_6^2$ の要素 $x_{uv}$ より，$\boldsymbol{X}_{6t}^2$ の

$$((i-1)6+u, (j-1)10+v)$$

要素が決まり，その値は $(t_{ij} + x_{uv} - 1 \mod 2) + 1$ となる．同様に，$\boldsymbol{T}_t^3$ の要素 $t_{ij}$ と $\boldsymbol{X}_6^3$ の要素 $x_{uv}$ より，$\boldsymbol{X}_{6t}^3$ の

$$((i-1)6+u, (j-1)5+v)$$

要素が決まり，その値は $(t_{ij} + x_{uv} - 1 \mod 3) + 1$ となる．

例えば $t = 4$ の場合には，実験回数 $N = 4 \times 6$ の混合水準過飽和実験計画 $\left(\boldsymbol{X}_{24}^2, \boldsymbol{X}_{24}^3\right)$ が求められる．このときの飽和度は，2 水準，3 水準ともに 1.74 である．また，$\chi^2$ 効率は，2 水準計画が 0.74，3 水準計画が 0.52 であり，全体で 0.77 となる．同様に表 3.14 の係数行列を用いて混合水準過飽和実験計画 $\left(\boldsymbol{X}_{6t}^2, \boldsymbol{X}_{6t}^3\right)$ を構成し，飽和度，$\chi^2$ の最大値，平均値，$\chi^2$ 効率をまとめたものを，$t = 1$ も含めて表 3.15 に示す．

この表から，$t$ が小さいときには $\chi^2$ 効率が高く，全体的に交絡度合いが低い計画となっているのに対し，$t$ が大きくなると $\chi^2$ 効率が低くなることがわかる．この理由の 1 つとして，$\boldsymbol{T}_t^2, \boldsymbol{T}_t^3$ を数値的に探索しているものであり，探索すべき組合せ数が増大化し，問題のよりよい解を求めるのが困難になることが考えられる．この数値的な探索上の理由に加え，一般に $t$ が大きくなると $\chi^2$ 効率が下がる可能性もある．これらの詳細について，十分な検討はなされていない．

**表 3.14**　混合水準過飽和実験計画のための係数行列 ($t = 2, 3, \ldots, 8$)

| $t$ | $\boldsymbol{T}_2^t$ | $\boldsymbol{T}_3^t$ |
|---|---|---|
| 2 | $\begin{pmatrix} 0 & 0 \\ 0 & 1 \end{pmatrix}$ | $\begin{pmatrix} 0 & 0 \\ 1 & 2 \end{pmatrix}$ |
| 3 | $\begin{pmatrix} 0 & 0 & 0 \\ 0 & 1 & 1 \\ 1 & 0 & 1 \end{pmatrix}$ | $\begin{pmatrix} 0 & 0 & 0 \\ 0 & 1 & 2 \\ 0 & 2 & 1 \end{pmatrix}$ |
| 4 | $\begin{pmatrix} 0 & 0 & 0 & 0 \\ 0 & 0 & 1 & 1 \\ 0 & 1 & 0 & 1 \\ 1 & 0 & 0 & 1 \end{pmatrix}$ | $\begin{pmatrix} 0 & 0 & 0 & 0 \\ 0 & 1 & 2 & 2 \\ 2 & 0 & 0 & 2 \\ 2 & 1 & 2 & 0 \end{pmatrix}$ |
| 5 | $\begin{pmatrix} 0 & 0 & 0 & 0 & 0 \\ 0 & 0 & 1 & 1 & 1 \\ 0 & 1 & 0 & 1 & 1 \\ 0 & 1 & 1 & 0 & 1 \\ 0 & 1 & 1 & 1 & 0 \end{pmatrix}$ | $\begin{pmatrix} 0 & 0 & 0 & 0 & 0 \\ 0 & 0 & 1 & 1 & 1 \\ 0 & 1 & 0 & 0 & 2 \\ 2 & 1 & 0 & 0 & 1 \\ 2 & 0 & 1 & 2 & 2 \end{pmatrix}$ |
| 6 | $\begin{pmatrix} 0 & 0 & 0 & 0 & 0 & 0 \\ 0 & 0 & 0 & 0 & 1 & 1 \\ 0 & 0 & 1 & 1 & 0 & 1 \\ 0 & 0 & 0 & 1 & 1 & 0 \\ 0 & 0 & 1 & 0 & 0 & 0 \\ 0 & 1 & 1 & 1 & 1 & 1 \end{pmatrix}$ | $\begin{pmatrix} 0 & 0 & 0 & 0 & 0 & 0 \\ 0 & 1 & 1 & 2 & 2 & 2 \\ 1 & 0 & 1 & 0 & 2 & 2 \\ 1 & 2 & 1 & 0 & 1 & 2 \\ 1 & 2 & 2 & 1 & 1 & 0 \\ 2 & 2 & 1 & 1 & 1 & 1 \end{pmatrix}$ |
| 7 | $\begin{pmatrix} 0 & 0 & 0 & 0 & 0 & 0 & 0 \\ 0 & 0 & 0 & 0 & 0 & 0 & 0 \\ 0 & 0 & 0 & 1 & 1 & 1 & 1 \\ 0 & 0 & 1 & 0 & 0 & 1 & 1 \\ 0 & 1 & 1 & 1 & 1 & 0 & 1 \\ 0 & 1 & 1 & 0 & 1 & 1 & 0 \\ 0 & 1 & 0 & 0 & 0 & 0 & 1 \end{pmatrix}$ | $\begin{pmatrix} 0 & 0 & 0 & 0 & 0 & 0 & 0 \\ 0 & 0 & 1 & 1 & 1 & 1 & 1 \\ 0 & 2 & 0 & 1 & 1 & 1 & 2 \\ 1 & 2 & 1 & 1 & 1 & 2 & 0 \\ 0 & 2 & 2 & 0 & 1 & 2 & 0 \\ 2 & 1 & 0 & 0 & 2 & 1 & 2 \\ 1 & 0 & 1 & 1 & 0 & 1 & 0 \end{pmatrix}$ |
| 8 | $\begin{pmatrix} 0 & 0 & 0 & 0 & 0 & 0 & 0 & 0 \\ 0 & 0 & 0 & 0 & 1 & 1 & 1 & 1 \\ 0 & 0 & 1 & 1 & 0 & 1 & 1 & 1 \\ 0 & 0 & 1 & 1 & 1 & 0 & 0 & 1 \\ 1 & 1 & 1 & 1 & 1 & 0 & 1 & 0 \\ 0 & 1 & 1 & 1 & 0 & 1 & 1 & 1 \\ 0 & 1 & 0 & 0 & 1 & 0 & 1 & 1 \\ 0 & 0 & 0 & 1 & 1 & 1 & 1 & 0 \end{pmatrix}$ | $\begin{pmatrix} 0 & 0 & 0 & 0 & 0 & 0 & 0 & 0 \\ 0 & 0 & 1 & 1 & 2 & 2 & 2 & 2 \\ 1 & 2 & 0 & 2 & 1 & 1 & 2 & 2 \\ 0 & 2 & 1 & 1 & 0 & 2 & 0 & 1 \\ 2 & 2 & 1 & 2 & 1 & 2 & 0 & 1 \\ 0 & 0 & 2 & 2 & 2 & 2 & 1 & 0 \\ 1 & 1 & 0 & 1 & 2 & 2 & 0 & 2 \\ 0 & 1 & 0 & 1 & 1 & 1 & 2 & 0 \end{pmatrix}$ |

**表 3.15**　表 3.14 で構成する混合水準過飽和実験計画の性質

| | | 2 水準列 $\chi^2_{22}$ | | | | | 3 水準列 $\chi^2_{33}$ | | | | |
|---|---|---|---|---|---|---|---|---|---|---|---|
| $t$ | $N$ | 列数 | 飽和度 | max | 平均 | $\chi^2_{\mathrm{eff}}$ | 列数 | 飽和度 | max | 平均 | $\chi^2_{\mathrm{eff}}$ |
| 1 | 6 | 10 | 2.00 | 0.67 | 0.67 | 1.00 | 5 | 2.00 | 3.00 | 3.00 | 1.00 |
| 2 | 12 | 20 | 1.82 | 1.33 | 0.63 | 0.82 | 10 | 1.82 | 6.00 | 3.60 | 0.61 |
| 3 | 18 | 30 | 1.76 | 2.00 | 0.90 | 0.53 | 15 | 1.76 | 9.00 | 2.57 | 0.77 |
| 4 | 24 | 40 | 1.74 | 2.67 | 0.62 | 0.74 | 20 | 1.74 | 12.00 | 3.57 | 0.52 |
| 5 | 30 | 50 | 1.72 | 3.33 | 0.81 | 0.55 | 25 | 1.72 | 31.20 | 4.57 | 0.40 |
| 6 | 36 | 60 | 1.71 | 4.00 | 1.03 | 0.42 | 30 | 1.71 | 42.00 | 6.21 | 0.29 |
| 7 | 42 | 70 | 1.71 | 7.71 | 1.09 | 0.40 | 35 | 1.71 | 53.14 | 6.97 | 0.25 |
| 8 | 48 | 80 | 1.70 | 12.00 | 1.09 | 0.39 | 40 | 1.70 | 96.00 | 6.78 | 0.26 |

| | | 2,3 水準列 $\chi^2_{23}$ | | 計画全体 | |
|---|---|---|---|---|---|
| $t$ | $N$ | max | 平均 | 飽和度 | $\chi^2_{\mathrm{eff}}$ |
| 1 | 6 | 4.00 | 2.40 | 4.00 | 1.00 |
| 2 | 12 | 6.00 | 2.40 | 3.64 | 0.83 |
| 3 | 18 | 5.33 | 2.40 | 3.53 | 0.79 |
| 4 | 24 | 4.00 | 2.40 | 3.48 | 0.77 |
| 5 | 30 | 5.60 | 2.23 | 3.45 | 0.71 |
| 6 | 36 | 14.00 | 2.29 | 3.43 | 0.61 |
| 7 | 42 | 16.00 | 2.52 | 3.41 | 0.55 |
| 8 | 48 | 18.50 | 2.57 | 3.40 | 0.55 |

$\chi^2_{\mathrm{eff}}$：$\chi^2$ 効率

# 第 4 章

# 過飽和実験計画データの解析

## 4.1　データ例と最小 2 乗法に基づく解析

### 4.1.1　ラジコンシミュレータデータの解析例

過飽和実験計画で収集されるデータの例を，表 4.1 に示す．これはラジコンカーが，あるコースを何秒で周回できるかを計算するシミュレータで求めたものである．ここでの応答 $y$ は，周回に要する時間（秒）である．このシミュレータでは，表 4.2 に示す因子の水準を規定すると，1 周を何秒で走行するのかについての計算結果を示す（かわにし, 2004）．

このシミュレータを用い，Tang and Wu (1997) が示した過飽和実験計画によりデータを収集する．具体的には，因子 $x_1, \ldots, x_{14}$ を 7 因子ずつの 2 グループに分け，それぞれのグループは実験回数 $N = 12$ の直交計画とし，一方の直交計画に行を入れ替えたもう一方の直交行列を追加する．この入れ替え方は，詳細を第 3 章に示したとおり，内積の 2 乗 $s^2$ の最大値が小さくなるなど，計画の性質がよくなるように求めている．なお，行の入れ替えにより過飽和実験計画を構成する方法そのものは，田口 (1977) により確率対応法，殆直交表として提案されている．

一般に，重要な因子を絞り込むスクリーニング実験データの解析では，最小 2 乗法がよく用いられる．しかしながら，このデータからもわかるとおり，過飽和実験計画 $\boldsymbol{X}$ によって収集されるデータは，$\boldsymbol{X}^\top \boldsymbol{X}$ の逆行列が存在しないので，解析に関する工夫が必要になる．過飽和実験計画の

**表 4.1**　過飽和実験計画で生成したラジコンカーシミュレーションデータ

| I | II | $x_1$ | $x_2$ | $x_3$ | $x_4$ | $x_5$ | $x_6$ | $x_7$ |
|---|---|---|---|---|---|---|---|---|
| 1 | 1 | 1 | 1 | 1 | 1 | 1 | 1 | 1 |
| 2 | 2 | −1 | 1 | −1 | 1 | 1 | 1 | −1 |
| 3 | 3 | −1 | −1 | 1 | −1 | 1 | 1 | 1 |
| 4 | 4 | 1 | −1 | −1 | 1 | −1 | 1 | 1 |
| 5 | 10 | −1 | 1 | −1 | −1 | 1 | −1 | 1 |
| 6 | 6 | −1 | −1 | 1 | −1 | −1 | 1 | −1 |
| 7 | 5 | −1 | −1 | −1 | 1 | −1 | −1 | 1 |
| 8 | 7 | 1 | −1 | −1 | −1 | 1 | −1 | −1 |
| 9 | 11 | 1 | 1 | −1 | −1 | −1 | 1 | −1 |
| 10 | 8 | 1 | 1 | 1 | −1 | −1 | −1 | 1 |
| 11 | 12 | −1 | 1 | 1 | 1 | −1 | −1 | −1 |
| 12 | 9 | 1 | −1 | 1 | 1 | 1 | −1 | −1 |
| 水 | −1 | 1.2 | 1.28 | 0.8 | 56 | 2 | 0.68 | 0.0528 |
| 準 | 1 | 1.8 | 1.92 | 1.2 | 84 | 6 | 1.02 | 0.0792 |
| 記 | 号 | SZ | TG | KH | KC | GR | GK | KT |

| I | II | $x_8$ | $x_9$ | $x_{10}$ | $x_{11}$ | $x_{12}$ | $x_{13}$ | $x_{14}$ | $y$（秒） |
|---|---|---|---|---|---|---|---|---|---|
| 1 | 1 | 1 | 1 | 1 | 1 | 1 | 1 | 1 | 13.88 |
| 2 | 2 | −1 | 1 | −1 | 1 | 1 | 1 | −1 | 13.55 |
| 3 | 3 | −1 | −1 | 1 | −1 | 1 | 1 | 1 | 17.66 |
| 4 | 4 | 1 | −1 | −1 | 1 | −1 | 1 | 1 | 16.35 |
| 5 | 10 | 1 | 1 | 1 | −1 | −1 | −1 | 1 | 18.23 |
| 6 | 6 | −1 | −1 | 1 | −1 | −1 | 1 | −1 | 15.81 |
| 7 | 5 | −1 | 1 | −1 | −1 | 1 | −1 | 1 | 16.01 |
| 8 | 7 | −1 | −1 | −1 | 1 | −1 | −1 | 1 | 18.38 |
| 9 | 11 | −1 | 1 | 1 | 1 | −1 | −1 | −1 | 13.15 |
| 10 | 8 | 1 | −1 | −1 | −1 | 1 | −1 | −1 | 13.96 |
| 11 | 12 | 1 | −1 | 1 | 1 | 1 | −1 | −1 | 13.74 |
| 12 | 9 | 1 | 1 | −1 | −1 | −1 | 1 | −1 | 16.36 |
| 水 | −1 | 0.18 | 0.56 | 0.4 | 0.294 | 0.0191 | −0.032 | 0.082 | |
| 準 | 1 | 0.27 | 0.84 | 0.6 | 0.788 | 0.0224 | 0.186 | 0.84 | |
| 記 | 号 | KS | SU | KK | CD | ZT | ZD | KD | |

**表 4.2**　ラジコンカーシミュレータで取り上げる因子と水準

| 因子 | 因子名 | 略称 | −1 | 1 |
|---|---|---|---|---|
| $x_1$ | 車体重量 (kg) | SZ | 1.2 | 1.8 |
| $x_2$ | タイヤグリップ | TG | 1.28 | 1.92 |
| $x_3$ | 駆動輪荷重比 | KH | 0.8 | 1.2 |
| $x_4$ | 駆動輪直径 (mm) | KC | 56 | 84 |
| $x_5$ | ギア比 | GR | 2 | 6 |
| $x_6$ | ギア効率 | GK | 0.68 | 1.02 |
| $x_7$ | 転がり抵抗係数 | KT | 0.0528 | 0.0792 |
| $x_8$ | 回転部分相当重量 (kg) | KS | 0.18 | 0.27 |
| $x_9$ | ブレーキ時制動輪の浮き | SU | 0.56 | 0.84 |
| $x_{10}$ | 後輪荷重 | KK | 0.4 | 0.6 |
| $x_{11}$ | 抗力係数 (CD) | CD | 0.294 | 0.788 |
| $x_{12}$ | 全面投影面積 | ZT | 0.0191 | 0.0224 |
| $x_{13}$ | 前輪ダウンフォース係数 (Clf) | ZD | −0.032 | 0.186 |
| $x_{14}$ | 後輪ダウンフォース係数 (Clr) | KD | 0.082 | 0.84 |

提案当初から考えられている解析法が，変数を逐次的にモデルに取り込む変数増加法である．また，田口の確率対応法は，独自の工夫を施したデータ解析法であり，後に触れる．さらに，近年は LASSO をはじめとする縮小推定の適用が議論されている．

これらの発展の経緯は，過飽和実験計画とそのデータ解析に関するレビュー論文である Gupta and Kohli (2008), Georgiou (2014) で包括的にまとめられている．本章では，比較的初期に提案されている基礎的な方法といくつかの縮小推定に加え，田口による確率対応法を説明する．

過飽和実験計画が提案された当初から，$F$ 値をもとに変数増加法により効果のある因子をスクリーニングする方法がよく用いられている．この $F$ 値とは

$$\frac{\text{回帰平方和の因子の追加による増分/自由度の増分}}{\text{残差平方和/自由度}}$$

である．回帰分析における変数選択の目安としては，第 1 種の誤りと第 2 種の誤りのバランスから $F = 2$ がよく用いられる．因子のスクリーニン

**表 4.3**　ラジコンシミュレータデータでの因子の絞込み過程

| No. | 因子 | $p$ 値 | 平方和 | $R^2$ | $F$ |
|---|---|---|---|---|---|
| 1 | $x_2$ | 0.023 | 16.474 | 0.417 | 7.138 |
| 2 | $x_{14}$ | 0.056 | 8.027 | 0.620 | 4.800 |
| 3 | $x_4$ | 0.105 | 4.441 | 0.732 | 3.348 |
| 4 | $x_6$ | 0.120 | 3.287 | 0.815 | 3.141 |
| 5 | $x_5$ | 0.091 | 2.955 | 0.890 | 4.057 |
| 6 | $x_{12}$ | 0.238 | 1.156 | 0.919 | 1.799 |

グにおいても，$F = 2$ がよく用いられる．

表 4.1 のデータに，$F$ 値に基づく変数増加法によるスクリーニングを適用した過程を，表 4.3 に示す．因子がモデルに全く取り込まれていない段階において，$x_2$ の $F$ 値が最も大きく 7.138 であり，これをモデルに取り込む．次に，$x_{14}$ の $F$ 値が残りの因子の中で最も大きく 4.800 なので，さらに $x_{14}$ をモデルに取り込む．同様に，$x_4$，$x_6$，$x_5$ をモデルに取り込む．5 つの因子を取り込んだときに，モデルに取り込んでいない変数の中で最大の $F$ 値を与えるのは $x_{12}$ であり，その $F$ 値は 1.799 である．これは，よく用いられる目安である 2 を下回る．そこで，$F$ 値を考慮し $x_2$，$x_{14}$, $x_4$, $x_6$, $x_5$ をこれはモデルに取り込む．このときの，応答 $y$ の推定値は

$$\widehat{y} = 15.590 - 0.949x_2 - 0.608x_4 + 0.530x_5 - 0.523x_6 + 0.669x_{14}$$

となる．推定値を求める際，$x_i$ の水準は $-1$，1 として扱っている．このモデルに関し，効果の推定値，取り入れる，または，取り除くときの平方和の増減分 $S$，それに基づく $F$ 値とその $p$ 値を表 4.4 に示す．

因子 $x_2$，$x_4$，$x_6$ の係数の符号は負，$x_5$，$x_{14}$ の係数の符号は正である．これより周回時間の短縮のためには，$x_2$，$x_4$，$x_6$ の水準は 1 となるように，また，$x_5$, $x_{14}$ の水準は $-1$ となるように選ぶのがよい．例えば，$x_2$:タイヤグリップは 1 の水準である 1.92，$x_4$:駆動輪直径は 84 とするとよい．

**表 4.4**　ラジコンシミュレータデータでの効果の推定値

| 因子 | 推定値 | $S$ | $F$ | $p$ |
|---|---|---|---|---|
| 一般平均 | 15.590 | – | – | – |
| $x_1$ | 0 | 0.711 | 0.971 | 0.370 |
| $x_2$ | −0.949 | 9.453 | 12.980 | 0.011 |
| $x_3$ | 0 | 0.244 | 0.296 | 0.610 |
| $x_4$ | −0.608 | 4.441 | 6.098 | 0.049 |
| $x_5$ | 0.530 | 2.955 | 4.057 | 0.091 |
| $x_6$ | −0.523 | 3.287 | 4.513 | 0.078 |
| $x_7$ | 0 | 0.012 | 0.014 | 0.911 |
| $x_8$ | 0 | 0.562 | 0.738 | 0.429 |
| $x_9$ | 0 | 0.047 | 0.054 | 0.825 |
| $x_{10}$ | 0 | 0.222 | 0.267 | 0.627 |
| $x_{11}$ | 0 | 0.055 | 0.064 | 0.810 |
| $x_{12}$ | 0 | 1.156 | 1.799 | 0.238 |
| $x_{13}$ | 0 | 0.373 | 0.467 | 0.525 |
| $x_{14}$ | 0.669 | 4.172 | 5.729 | 0.054 |

一方，これらの因子は部分的に交絡しているので，因子の選択段階において，どの因子を取り込んでいるのかにより，その効果の大きさが異なる．例えば，表 4.4 のモデルでは $x_{12}$ を取り込んでいないが，これを取り込むと $x_2$, $x_4$, $x_5$, $x_6$, $x_{14}$ の効果の推定値の大きさが変わる．直交計画の場合には，このようなことが生じないので解釈が容易であるが，過飽和実験計画の場合には，列どうしが直交しないのが一般的なので，このような解釈の困難さが伴う．この点については，次項で他の例を用いてより詳細に検討する．

### 4.1.2　Williams の化学工程データの解析例

過飽和実験計画で収集されたデータに関する解析結果の精度については，過飽和実験計画が考案された当時から議論されている．その中の 1 つが，Williams (1963, 1968) によるコード接着に関する実験データである．これはポリエステルコードのコーティング工程であり，その被膜

**表 4.5**　Williams のデータにおける因子と水準

| 因子記号 | 因子名 | −1 | 1 |
|---|---|---|---|
| $x_1$ | コードのロット | 1 | 2 |
| $x_2$ | エポキシ基濃度 (%) | 0.3 | 0.5 |
| $x_3$ | 表面活性物質濃度 (%) | 4 | 6 |
| $x_4$ | 硬化剤濃度 (%) | 1.8 | 2.3 |
| $x_5$ | ラテックス濃度 (%) | 14 | 18 |
| $x_6$ | ビニルピリジンターポリマー比率 | 0.6 | 0.8 |
| $x_7$ | 混合時間：エポキシ，表面活性（分） | 4 | 6 |
| $x_8$ | 混合方法：エポキシ，表面活性 | A | B |
| $x_9$ | 付着後経過時間 | 短 | 長 |
| $x_{10}$ | 事前乾燥 | 実施 | 未実施 |
| $x_{11}$ | コード張力（ポンド） | 0.2 | 1 |
| $x_{12}$ | オーブン内延び (%) | 3.0 | 4.5 |
| $x_{13}$ | 1次オーブン温度 (°F) | 275 | 325 |
| $x_{14}$ | 1次オーブン時間（秒） | 50 | 70 |
| $x_{15}$ | 1次，2次オーブン長さ | 長 | 短 |
| $x_{16}$ | 2次オーブン温度 (°F) | 425 | 475 |
| $x_{17}$ | 2次オーブン時間（秒） | 50 | 70 |
| $x_{18}$ | 付着量 | 多 | 少 |
| $x_{19}$ | テスト処理時間（分） | 55 | 65 |
| $x_{20}$ | テスト処理温度 (°F) | 293 | 310 |
| $x_{21}$ | 型処理量 | 多 | 少 |
| $x_{22}$ | テストコード張力（ポンド） | 0.5 | 1 |
| $x_{23}$ | コード付け方法 | A | B |
| $x_{24}$ | ゴム保存時間 | 短 | 長 |

の接着力を応答 $y$ としている．接着力 $y$ の改善をねらいとして，表 4.5 に示す因子と水準を取り上げ，実験を行っている．これらの 24 の因子は，大別すると，原材料のコード ($x_1$)，接着系 ($x_2, \ldots, x_9$)，工程処理条件 ($x_{10}, \ldots, x_{18}$)，接着試験関連 ($x_{19}, \ldots, x_{24}$) となる．これらの論文中では，いくつかの逐次実験により接着力の向上を目指している．その中で，重要な因子の絞込みのための実験で収集したデータが表 4.6 である．なお原著論文において，$x_{13}$ と $x_{16}$ は常に同じ水準となっている．

表 4.6 のデータについて，$x_1, \ldots, x_{24}$ の効果を $\beta_1, \ldots, \beta_{24}$ とし，

表 4.6 Williams のデータ

| No. | $x_1$ | $x_2$ | $x_3$ | $x_4$ | $x_5$ | $x_6$ | $x_7$ | $x_8$ | $x_9$ | $x_{10}$ | $x_{11}$ | $x_{12}$ | $x_{13}$ | $x_{14}$ | $x_{15}$ | $x_{16}$ | $x_{17}$ | $x_{18}$ | $x_{19}$ | $x_{20}$ | $x_{21}$ | $x_{22}$ | $x_{23}$ | $x_{24}$ | $y$ |
|---|---|---|---|---|---|---|---|---|---|---|---|---|---|---|---|---|---|---|---|---|---|---|---|---|---|
| 1 | 1 | 1 | 1 | −1 | −1 | −1 | 1 | 1 | 1 | 1 | 1 | −1 | 1 | −1 | −1 | 1 | 1 | −1 | −1 | 1 | −1 | −1 | −1 | 1 | 133 |
| 2 | −1 | 1 | −1 | −1 | −1 | −1 | 1 | 1 | 1 | 1 | −1 | 1 | −1 | −1 | 1 | −1 | 1 | 1 | 1 | 1 | −1 | 1 | 1 | −1 | 49 |
| 3 | 1 | −1 | −1 | −1 | −1 | −1 | 1 | 1 | 1 | −1 | −1 | −1 | 1 | 1 | 1 | 1 | −1 | 1 | −1 | −1 | 1 | 1 | −1 | −1 | 62 |
| 4 | 1 | 1 | −1 | 1 | 1 | −1 | −1 | −1 | −1 | 1 | −1 | 1 | 1 | 1 | 1 | 1 | 1 | −1 | −1 | −1 | −1 | 1 | 1 | −1 | 45 |
| 5 | 1 | 1 | −1 | −1 | 1 | 1 | −1 | −1 | −1 | −1 | −1 | −1 | −1 | −1 | −1 | −1 | 1 | 1 | −1 | 1 | 1 | 1 | −1 | 1 | 88 |
| 6 | 1 | 1 | −1 | 1 | −1 | 1 | −1 | −1 | −1 | 1 | 1 | −1 | 1 | −1 | 1 | 1 | −1 | 1 | 1 | 1 | −1 | −1 | −1 | −1 | 52 |
| 7 | −1 | −1 | 1 | 1 | 1 | 1 | 1 | 1 | −1 | 1 | −1 | 1 | 1 | −1 | −1 | 1 | −1 | 1 | −1 | −1 | −1 | −1 | −1 | −1 | 300 |
| 8 | −1 | −1 | 1 | 1 | 1 | 1 | −1 | 1 | 1 | −1 | −1 | −1 | 1 | −1 | 1 | 1 | 1 | −1 | −1 | 1 | −1 | 1 | 1 | 1 | 56 |
| 9 | −1 | −1 | 1 | 1 | 1 | 1 | 1 | −1 | 1 | 1 | 1 | −1 | −1 | 1 | 1 | −1 | 1 | 1 | 1 | 1 | 1 | 1 | −1 | −1 | 47 |
| 10 | −1 | −1 | −1 | −1 | 1 | −1 | −1 | 1 | −1 | 1 | −1 | 1 | 1 | 1 | −1 | 1 | 1 | 1 | 1 | 1 | 1 | −1 | −1 | 1 | 88 |
| 11 | 1 | −1 | 1 | −1 | −1 | 1 | −1 | −1 | 1 | −1 | −1 | −1 | 1 | 1 | −1 | 1 | 1 | 1 | 1 | −1 | −1 | −1 | 1 | −1 | 116 |
| 12 | −1 | 1 | 1 | 1 | −1 | −1 | 1 | −1 | −1 | 1 | 1 | −1 | 1 | 1 | −1 | 1 | 1 | 1 | −1 | −1 | 1 | 1 | 1 | 1 | 83 |
| 13 | −1 | 1 | 1 | −1 | −1 | 1 | −1 | 1 | −1 | 1 | −1 | −1 | −1 | −1 | −1 | −1 | −1 | −1 | 1 | −1 | 1 | 1 | 1 | −1 | 193 |
| 14 | −1 | −1 | −1 | 1 | −1 | −1 | −1 | −1 | 1 | 1 | −1 | −1 | −1 | −1 | 1 | −1 | −1 | −1 | −1 | −1 | 1 | −1 | −1 | 1 | 230 |
| 15 | 1 | −1 | 1 | −1 | 1 | −1 | 1 | −1 | −1 | 1 | −1 | −1 | −1 | 1 | 1 | −1 | −1 | −1 | 1 | 1 | −1 | −1 | 1 | 1 | 51 |
| 16 | −1 | 1 | 1 | −1 | 1 | −1 | −1 | −1 | 1 | −1 | 1 | 1 | 1 | −1 | 1 | 1 | 1 | −1 | 1 | −1 | 1 | −1 | −1 | −1 | 82 |
| 17 | −1 | −1 | −1 | −1 | −1 | 1 | 1 | −1 | −1 | −1 | 1 | 1 | −1 | −1 | 1 | −1 | 1 | 1 | −1 | −1 | −1 | −1 | 1 | 1 | 32 |
| 18 | 1 | −1 | 1 | 1 | −1 | −1 | −1 | 1 | −1 | −1 | 1 | 1 | 1 | −1 | 1 | 1 | −1 | 1 | 1 | 1 | 1 | 1 | 1 | 1 | 58 |
| 19 | 1 | −1 | −1 | 1 | 1 | −1 | 1 | 1 | −1 | −1 | 1 | −1 | −1 | −1 | −1 | −1 | 1 | −1 | 1 | −1 | −1 | 1 | −1 | −1 | 201 |
| 20 | 1 | 1 | 1 | −1 | 1 | 1 | −1 | 1 | 1 | 1 | 1 | 1 | −1 | 1 | 1 | −1 | −1 | 1 | −1 | −1 | −1 | 1 | −1 | 1 | 56 |
| 21 | −1 | 1 | −1 | 1 | −1 | 1 | 1 | −1 | 1 | −1 | −1 | 1 | 1 | 1 | −1 | 1 | −1 | −1 | 1 | 1 | −1 | 1 | −1 | 1 | 97 |
| 22 | 1 | 1 | 1 | 1 | −1 | 1 | 1 | 1 | −1 | −1 | −1 | 1 | −1 | 1 | 1 | −1 | 1 | −1 | 1 | −1 | 1 | −1 | −1 | 1 | 53 |
| 23 | −1 | 1 | −1 | 1 | 1 | −1 | −1 | 1 | 1 | −1 | 1 | −1 | −1 | 1 | −1 | −1 | −1 | 1 | 1 | −1 | −1 | −1 | 1 | 1 | 276 |
| 24 | 1 | −1 | −1 | −1 | 1 | 1 | 1 | −1 | 1 | 1 | 1 | 1 | 1 | −1 | −1 | 1 | −1 | −1 | 1 | −1 | 1 | 1 | 1 | 1 | 145 |
| 25 | 1 | 1 | 1 | 1 | 1 | −1 | 1 | −1 | 1 | −1 | −1 | 1 | −1 | −1 | −1 | −1 | −1 | 1 | −1 | 1 | 1 | −1 | 1 | −1 | 130 |
| 26 | −1 | 1 | −1 | −1 | 1 | 1 | 1 | 1 | −1 | −1 | 1 | −1 | 1 | 1 | 1 | 1 | −1 | −1 | −1 | 1 | 1 | −1 | 1 | −1 | 55 |
| 27 | 1 | −1 | −1 | 1 | −1 | 1 | −1 | 1 | 1 | 1 | 1 | 1 | −1 | 1 | −1 | −1 | 1 | −1 | −1 | 1 | 1 | −1 | 1 | −1 | 160 |
| 28 | −1 | −1 | 1 | −1 | −1 | −1 | −1 | −1 | −1 | −1 | 1 | 1 | −1 | 1 | −1 | −1 | −1 | −1 | −1 | 1 | −1 | 1 | −1 | −1 | 127 |

**表 4.7**　Williams のデータすべてを用いた場合の分散分析表

| 要因 | $S$ | $\phi$ | $V$ | $F$ | $p$ |
|---|---|---|---|---|---|
| モデル | 122372.64 | 10 | 12237.26 | 10.18 | $< 0.0001$ |
| 誤差 | 20432.32 | 17 | 1201.90 | | |
| 計 | 142804.96 | 27 | | $< 0.0001$ | |

$$\boldsymbol{y} = \mu\mathbf{1} + \boldsymbol{X}\boldsymbol{\beta} + \boldsymbol{\varepsilon}, \qquad \boldsymbol{\varepsilon} \sim N\left(\mathbf{0}, \sigma^2\boldsymbol{I}\right)$$

なるモデルを考える．ただし，$\mu$ は一般平均であり，また $\boldsymbol{\beta} = (\beta_1, \ldots, \beta_{24})^\top$ である．また，計画行列 $\boldsymbol{X}$ については表 4.6 にある $-1, 1$ を用いる．その際，$x_{13}$ と $x_{16}$ は同じ水準なので，$x_{13}$ のみを用いて分析する．このモデルをもとに，最小 2 乗法で効果の推定値を

$$\widehat{\boldsymbol{\beta}} = \left(\boldsymbol{X}^\top\boldsymbol{X}\right)^{-1}\boldsymbol{X}^\top\boldsymbol{y} = \frac{1}{N}\boldsymbol{X}^\top\boldsymbol{y}, \quad \widehat{\mu} = \frac{1}{N}\mathbf{1}^\top\boldsymbol{y}$$

により求める．さらに，$F = 2$ を目安として効果があると思われる因子を 10 個に絞り込んでいる．

このモデルについて，分散分析表を表 4.7 に示す．また，そのときの効果の推定値などを表 4.8 に示す．この表の $F$ 値から，$x_{15}$ の効果が大きく，$x_{20}$, $x_{17}$ が続き，$x_4$, $x_{22}$, $x_{14}$, $x_8$, $x_1$, $x_{13}$, $x_2$ の効果は小さいながらもあると推定される．過飽和実験計画で収集されたデータ解析の結果が，この $N = 28$ プラケット・バーマン計画による結果に近いものであるならば，実験回数を割り付けた因子数よりも少なくなるように減らした過飽和実験計画が有効であることを意味する．

表 4.6 中の全ベクトルとは直交するベクトル

$$\begin{aligned}\boldsymbol{x}^* = (\ & 1\ -1\ 1\ 1\ -1\ 1\ -1\ 1\ 1\ 1\ -1\ -1\ 1\ -1 \\ & -1\ -1\ 1\ -1\ -1\ -1\ -1\ 1\ 1\ 1\ 1\ -1\ -1\ 1\ )^\top\end{aligned}$$

を用いて，模擬的に過飽和実験計画のデータを求める (Lin, 1993)．プラケット・バーマン計画の半分実施のため，この $\boldsymbol{x}^*$ の要素が 1 のデータを

**表 4.8** Williams のデータすべてを用いた場合の効果の推定値

| 因子 | 推定値 | $S$ | $F$ | $p$ |
|---|---|---|---|---|
| 一般平均 | 109.464 | — | — | — |
| $x_1$ | −13.036 | 4758.036 | 3.959 | 0.063 |
| $x_2$ | −10.036 | 2820.036 | 2.346 | 0.144 |
| $x_3$ | 0 | 322.321 | 0.256 | 0.619 |
| $x_4$ | 18.250 | 9325.750 | 7.759 | 0.013 |
| $x_5$ | 0 | 1093.750 | 0.905 | 0.356 |
| $x_6$ | 0 | 972.321 | 0.799 | 0.385 |
| $x_7$ | 0 | 1275.750 | 1.066 | 0.317 |
| $x_8$ | 14.821 | 6150.893 | 5.118 | 0.037 |
| $x_9$ | 0 | 1620.321 | 1.378 | 0.258 |
| $x_{10}$ | 0 | 1414.321 | 1.190 | 0.292 |
| $x_{11}$ | 0 | 92.893 | 0.073 | 0.790 |
| $x_{12}$ | 0 | 1744.321 | 1.493 | 0.239 |
| $x_{13}$ | −11.464 | 3680.036 | 3.062 | 0.098 |
| $x_{14}$ | −15.464 | 6696.036 | 5.571 | 0.030 |
| $x_{15}$ | −43.179 | 52202.890 | 43.434 | $< 0.001$ |
| $x_{17}$ | −21.393 | 12814.320 | 10.662 | 0.005 |
| $x_{18}$ | 0 | 1302.893 | 1.090 | 0.312 |
| $x_{19}$ | 0 | 85.750 | 0.067 | 0.798 |
| $x_{20}$ | −24.393 | 16660.321 | 13.862 | 0.002 |
| $x_{21}$ | 0 | 488.893 | 0.392 | 0.540 |
| $x_{22}$ | −16.107 | 7264.321 | 6.044 | 0.025 |
| $x_{23}$ | 0 | 996.0357 | 0.820 | 0.379 |
| $x_{24}$ | 0 | 1068.893 | 0.883 | 0.361 |

抽出したものを表 4.9 に示す．この疑似的な過飽和実験計画データに対し，ラジコンデータと同様に変数増加法で解析する．実験回数 14，因子数 23 の過飽和実験計画により収集されたデータについて，$F$ 値に基づく変数増加法で推定値を求めた結果を表 4.10 に示す．

この表において，モデルに取り込まれていない因子のうち，$F$ 値が最大なものは $x_1$ で，その $F$ 値は 6.849 である．よく用いられる目安である 2 を上回っているものの，これ以上取り込みを続けると計算結果が不安定になるので，この段階で取り込みをやめている．

表 4.9 Williams のデータによる過飽和実験計画の模擬データ

| No. | $x_1$ | $x_2$ | $x_3$ | $x_4$ | $x_5$ | $x_6$ | $x_7$ | $x_8$ | $x_9$ | $x_{10}$ | $x_{11}$ | $x_{12}$ | $x_{13}$ | $x_{14}$ | $x_{15}$ | $x_{16}$ | $x_{17}$ | $x_{18}$ | $x_{19}$ | $x_{20}$ | $x_{21}$ | $x_{22}$ | $x_{23}$ | $x_{24}$ | $y$ |
|---|---|---|---|---|---|---|---|---|---|---|---|---|---|---|---|---|---|---|---|---|---|---|---|---|---|
| 1 | 1 | 1 | 1 | −1 | −1 | −1 | 1 | 1 | 1 | 1 | 1 | −1 | 1 | −1 | −1 | 1 | 1 | −1 | −1 | 1 | −1 | −1 | −1 | 1 | 133 |
| 3 | 1 | −1 | −1 | −1 | −1 | −1 | 1 | 1 | 1 | −1 | −1 | −1 | 1 | 1 | 1 | 1 | −1 | 1 | −1 | −1 | 1 | 1 | −1 | −1 | 62 |
| 4 | 1 | 1 | −1 | 1 | 1 | −1 | −1 | −1 | −1 | 1 | −1 | 1 | 1 | 1 | 1 | 1 | 1 | −1 | −1 | −1 | −1 | 1 | 1 | −1 | 45 |
| 6 | 1 | 1 | −1 | 1 | −1 | 1 | −1 | −1 | −1 | 1 | 1 | −1 | 1 | −1 | 1 | 1 | −1 | 1 | 1 | 1 | −1 | −1 | −1 | −1 | 52 |
| 8 | −1 | −1 | 1 | 1 | 1 | 1 | −1 | 1 | 1 | −1 | −1 | −1 | 1 | −1 | 1 | 1 | 1 | −1 | −1 | 1 | −1 | 1 | 1 | 1 | 56 |
| 9 | −1 | −1 | 1 | 1 | 1 | 1 | 1 | −1 | 1 | 1 | 1 | −1 | −1 | 1 | 1 | −1 | 1 | 1 | 1 | 1 | 1 | 1 | −1 | −1 | 47 |
| 10 | −1 | −1 | −1 | −1 | 1 | −1 | −1 | 1 | −1 | 1 | −1 | 1 | 1 | 1 | −1 | 1 | 1 | 1 | 1 | 1 | 1 | −1 | −1 | 1 | 88 |
| 13 | −1 | 1 | 1 | −1 | −1 | 1 | −1 | 1 | −1 | 1 | −1 | −1 | −1 | −1 | −1 | −1 | −1 | −1 | 1 | −1 | 1 | 1 | 1 | −1 | 193 |
| 17 | −1 | −1 | −1 | −1 | −1 | 1 | 1 | −1 | −1 | −1 | 1 | 1 | −1 | −1 | 1 | −1 | 1 | 1 | −1 | −1 | −1 | −1 | 1 | 1 | 32 |
| 22 | 1 | 1 | 1 | 1 | −1 | 1 | 1 | 1 | −1 | −1 | −1 | 1 | −1 | 1 | 1 | −1 | 1 | −1 | 1 | −1 | 1 | −1 | −1 | 1 | 53 |
| 23 | −1 | 1 | −1 | 1 | 1 | −1 | −1 | 1 | 1 | −1 | 1 | −1 | −1 | 1 | −1 | −1 | −1 | 1 | 1 | −1 | −1 | −1 | 1 | 1 | 276 |
| 24 | 1 | −1 | −1 | −1 | 1 | 1 | 1 | −1 | 1 | 1 | 1 | 1 | 1 | −1 | −1 | 1 | −1 | −1 | 1 | −1 | 1 | 1 | 1 | 1 | 145 |
| 25 | 1 | 1 | 1 | 1 | 1 | −1 | 1 | −1 | 1 | −1 | −1 | 1 | −1 | −1 | −1 | −1 | −1 | 1 | −1 | 1 | 1 | −1 | 1 | −1 | 130 |
| 28 | −1 | −1 | 1 | −1 | −1 | −1 | −1 | −1 | −1 | −1 | 1 | 1 | −1 | 1 | −1 | −1 | −1 | −1 | −1 | 1 | −1 | 1 | −1 | −1 | 127 |

**表 4.10**　Williams のデータの半分実施による効果の推定値

| 因子 | 推定値 | $S$ | $F$ | $p$ |
|---|---|---|---|---|
| 一般平均 | 102.786 | — | — | — |
| $x_1$ | 0 | 63.916 | 6.849 | 0.047 |
| $x_2$ | 0 | 32.105 | 2.046 | 0.212 |
| $x_3$ | 0 | 0.489 | 0.022 | 0.887 |
| $x_4$ | 20.191 | 4096.080 | 222.261 | $< 0.001$ |
| $x_5$ | 0 | 12.589 | 0.642 | 0.459 |
| $x_6$ | 0 | 0.098 | 0.004 | 0.950 |
| $x_7$ | −7.778 | 724.332 | 39.304 | 0.001 |
| $x_8$ | 0 | 0.241 | 0.011 | 0.921 |
| $x_9$ | 0 | 0.273 | 0.012 | 0.916 |
| $x_{10}$ | −11.058 | 1546.223 | 83.901 | $< 0.001$ |
| $x_{11}$ | 9.701 | 1163.815 | 63.151 | $< 0.001$ |
| $x_{12}$ | −24.427 | 7399.201 | 401.495 | $< 0.001$ |
| $x_{13}$ | 0 | 40.061 | 2.841 | 0.153 |
| $x_{14}$ | 0 | 52.986 | 4.600 | 0.085 |
| $x_{15}$ | −68.648 | 47034.450 | 2552.178 | $< 0.001$ |
| $x_{17}$ | 0 | 3.184 | 0.148 | 0.716 |
| $x_{18}$ | 0 | 20.894 | 1.165 | 0.330 |
| $x_{19}$ | 0 | 25.447 | 1.495 | 0.276 |
| $x_{20}$ | −29.455 | 10651.130 | 577.951 | $< 0.001$ |
| $x_{21}$ | 0 | 50.384 | 4.185 | 0.096 |
| $x_{22}$ | 0 | 4.096 | 0.192 | 0.679 |
| $x_{23}$ | 0 | 8.789 | 0.432 | 0.540 |
| $x_{24}$ | 0 | 2.834 | 0.132 | 0.732 |

すべてのデータを用いた表 4.8 においては，$x_{15}$ が特に重要，$x_{20}$，$x_{17}$ は効果が大きい，$x_4$, $x_{22}$, $x_{14}$, $x_8$, $x_1$, $x_{13}$, $x_2$ は小さいながらも効果があると推定されている．一方，過飽和実験計画で収集されたデータ解析の結果の表 4.10 においても，$x_{15}$ が特に大きく，$x_{20}$ の効果がついで大きいと推定され，すべてのデータを用いた場合と同様である．一方，過飽和実験計画では $x_{17}$ の効果は見出せていない．また，$x_4$ は両方のデータ解析結果で効果が見出せているが，$x_{12}$ は過飽和実験計画の結果のみで効果が見出せている．

このように，最重要なものは等しく，効果が小さくなるにつれ結果の異なる度合いが大きくなっている．直交計画により収集されたデータ解析結果と異なり，過飽和実験計画のデータ解析の場合には，列が一般には直交しないため，どの因子をモデルに取り込んでいるのかにより解析結果が変動する．例えば表4.10において，最初に $x_{15}$ を取り込んだのちに，どの因子を取り込むかにより解析結果が異なる．以上，効果の大きな因子は検出できているが，それ以外については不安定さが残っている．

このような不安定さに関し，いくつかの指摘がある．例えば，Williamsのデータにおいて $\boldsymbol{x}^*$ で $-1$ を選んだ場合や，$x_1, \ldots, x_{24}$ に直交する他のベクトルを枝列として選んだ場合において，結果が必ずしも同じにはならない (Wang et. al., 1995)．これらもあり，変数増加法によるデータ解析の評価，変数増加法以外の手法の適用が検討されている．

通常，表4.6のような直交計画で収集されたデータの場合には，効果が大きいと思われる因子の絞込みだけでなく，寄与率や残差標準偏差などによりモデルの応答への当てはまりを検討する．これに対して，表4.9のような過飽和実験計画で収集されたデータの場合には，解析を効果の大きな因子の特定にとどめ，モデルの応答への当てはまりについての検討はしない場合が多い．これは，前述の不安定さのためである．その例として，表4.6において表4.8を用いた場合の残差標準偏差は34.67であるのに対し，表4.9において表4.10を用いた場合の残差標準偏差は4.29と大きな違いがある．

## 4.2 第1種，第2種の誤りの評価

### 4.2.1 評価方法

過飽和実験計画で収集されたデータは，すべての因子の効果を同時に推定できないので，逐次的な解析になる．このような解析の場合，第1種の誤りの確率を所与のレベルに抑えることが難しい．過飽和実験計画のデータ解析における第1種の誤り，第2種の誤りを総合的に考えると，通常の変数選択法よりも部分集合に基づく選択法が好ましいとされている

(Abraham et al., 1999)．また，ベイズ解析を応用した重要な因子の変数選択方法 (Beattie et al., 2002; Li and Lin, 2003) や，因子のスクリーニング手順の 1 つであるボックス・メイヤー法の過飽和実験計画データの解析への適用 (Cossari, 2008) も提案されている．さらに，第 1 種の誤りの確率を制御する方法も検討されている (Westfall et al., 1998)．これは，候補となる因子が多いため，第 1 種の誤りの管理が困難になることへの対応である．

一方，設計段階などの工業実験においては効果のある因子の特定後に追加実験をすることがほとんどであるので，第 1 種の誤りだけでなく，見落としである第 2 種の誤りへの配慮が必要になる．そこで，いくつかのモデルをもとに 第 2 種の誤りの確率評価もされている (Yamada, 2004)．その結果，実験回数にもよるものの，主要な因子が 2, 3 個，多くても 5 個程度のように少数個の状況において，過飽和実験計画が有効であることを示している．また，過飽和実験計画を用いた場合，割り付けた因子数が実験回数に比べて何倍か，すなわち，飽和度により第 2 種の誤りが異なることを示している．具体的には，割り付けた因子数が実験回数の 2 倍程度なら，主要な因子のうちの 3 個程度は 90% 程度，またはそれ以上の高確率で検出できる．さらに，割り付けた因子数が実験回数の 3 倍程度なら主要な因子のうちの 2 個程度は 90% 程度，またはそれ以上高確率で検出できる．以下その詳細を説明する．

因子 $x_1, \ldots, x_p$ からなる実験回数 $N$ の過飽和実験計画 $\boldsymbol{X}$ をもとに，応答変数 $y$ の測定値からなる $(N \times 1)$ ベクトル $\boldsymbol{y}$ に対して，

$$\boldsymbol{y} = \mu \mathbf{1} + \boldsymbol{X}\boldsymbol{\beta} + \boldsymbol{\varepsilon}, \qquad \boldsymbol{\varepsilon} \sim N(\mathbf{0}, \sigma^2 \boldsymbol{I}_N)$$

を仮定する．ただし，$\mu$ は一般平均，$\boldsymbol{\beta} = (\beta_1, \ldots, \beta_p)$ は因子の効果からなるベクトル，$\sigma^2$ は誤差分散である．また $\boldsymbol{X}$ は，水準が $-1, 1$ からなる計画行列である．さらに $\beta_j$ は，因子 $x_1, \ldots, x_p$ の水準を $-1, 1$ に基準化した下での標準偏回帰係数である．

因子 $x_j$ $(j = 1, \ldots, p)$ の効果があるとは，$x_j$ に対応する $\beta_j$ が 0 でないことである．$\left(\boldsymbol{X}^\top \boldsymbol{X}\right)$ に逆行列が存在しないので，すべての因子の効果

を同時に推定することができない．そこで，$F$ 値をもとに逐次的に変数をモデルに取り込む．選択の第1段階において，

$$F_j^1 = \frac{S(j)}{V_E(j)}$$

を求める．$S(j)$ は $x_j$ を取り込んだときの回帰による平方和，$V_E(j)$ はそのときの残差分散である．これは，$H_0 : \beta_j = 0$，$H_1 : \beta_j \neq 0$ の検定統計量である．この値が最も大きな $x_{s_1}$ をモデルに取り込む．すなわち，添え字が

$$s_1 = \operatorname*{arg\,min}_{j \in \mathcal{J}} \left\{ F_j^1 \right\}$$

の因子をモデルに取り込む．ただし，$\mathcal{J}$ はすべての因子の添え字からなる集合であり，$\mathcal{J} = \{1, 2, \ldots, p\}$ である．

因子 $x_{s_1}$ を取り込んだ後にも同様に，

$$F_j^2 = \frac{S(j \mid s_1)}{V_E(j, s_1)}$$

を求め，添え字が

$$s_2 = \operatorname*{arg\,max}_{j \in \mathcal{J} \setminus \{s_1\}} \left\{ F_j^2 \right\}$$

の因子をモデルに取り込む．ただし，$S(j \mid s_1)$ は $x_{s_1}$ を取り込んだ下で $x_j$ を追加したときの回帰による平方和の増分であり，$V_E(j, s_1)$ は因子 $x_j, x_{s_1}$ を取り込んだときの残差分散である．また，$\setminus$ は集合の減算をあらわす．

一般に，第 $k$ 段階においては，

$$F_j^k = \frac{S(j \mid s_1, \ldots, s_{k-1})}{V_E(j, s_1, \ldots, s_{k-1})}$$

とし，添え字が

$$s_k = \operatorname*{arg\,max}_{j \in \mathcal{J} \setminus \{s_1, \ldots, s_{k-1}\}} \left\{ F_j^k \right\}$$

の因子をモデルに取り込む．

$F$ 値により，第 $k$ 段階までに効果があるとした因子の添え字 $\{s_1,$

$s_2, \ldots, s_k\}$ からなる集合を $\mathcal{S}^k$ とする．効果がある因子の添え字を $q_1$, $q_2, \ldots, q_Q$ とし，その集合を $\mathcal{Q} = \{q_1, q_2, \ldots, q_Q\}$ とする．ただし，効果の大きい順に $|\beta_{q_1}| \geq |\beta_{q_2}| \geq \ldots \geq |\beta_{q_Q}| > 0$ とする．

最も好ましい選択は，すべての効果のある因子が第 $Q$ 段階まででもれなく選択されている状態，すなわち，$\mathcal{S}^Q = \mathcal{Q}$ である．これらの記法によると，$\left\{\mathcal{S}^k \cap \mathcal{Q}\right\}$ が第 $k$ 段階までに選択された効果がある因子となる．第 $k$ 段階における第 1 種の誤りは，効果のない因子の添え字が $\mathcal{S}^k$ に含まれることとなる．また，第 $k$ 段階における第 2 種の誤りは，効果のある因子の添え字が $\mathcal{S}^k$ に含まれていないこととなる．これからわかるとおり，効果のある因子，ない因子が，複数ある場合には第 1 種，第 2 種の誤りの定義が複雑になる．さらに重要な因子を見出すというスクリーニング実験の目的からすると，効果の最も大きな因子，2 番目に大きな因子が $\mathcal{S}^k$ に含まれているかどうかが重要であり，

$$P\left(q_1 \in \mathcal{S}^k\right), P\left(q_2 \in \mathcal{S}^k\right), \ \ldots, \ P\left(q_k \in \mathcal{S}^k\right).$$

に基づく評価が望ましい．加えて，第 $k$ 段階までに効果のある $Q$ 因子のうち何個の因子が選択されているかどうかをあらわす確率

$$P\left(\mid \mathcal{S}^k \cap \mathcal{Q} \mid = 1\right), \ P\left(\mid \mathcal{S}^k \cap \mathcal{Q} \mid = 2\right), \ \ldots, \ P\left(\mid \mathcal{S}^k \cap \mathcal{Q} \mid = Q\right)$$

の評価も必要になる．なお，$|\cdot|$ は集合の要素数であり $\mid \mathcal{S}^k \cap \mathcal{Q} \mid$ は和集合の要素数をあらわす．その際，$F$ 値が大きい順に効果が大きいと推定する．$F$ 値がある程度の大きさになったときに，$F$ 値をもとに第 1 種の誤りと第 2 種の誤りのバランスを経験的に考えながら，効果のある因子の選択をやめる．多くの場合 $F = 2$ を目安にする．これは，重回帰分析における変数選択の目安と一致する．効果の大きな因子がどの程度の確率で選択できるかということから，$F$ 値の大きさに基づく選択を段階的に進め，それぞれの段階での効果がある因子の選択確率を評価する．この確率は，下記に依存するので，次の設定で確率の評価をする．

**表 4.11** 計算に用いる計画行列

| $N$ | 列数 | 計画行列 |
|---|---|---|
| 8 | 35 | Chen and Lin (1996) |
| 12 | 66 | Wu (1993) |
| 16 | 71 | Yamada and Lin (1997) |
| 24 | 133 | Yamada and Lin (1997) |

1. $k$ ：選択の段階.
2. 実験回数 $N$: 表 4.11 に示す実験回数 $N = 8, 12, 16, 24$ の計画を用いる.
3. 過飽和実験計画に割り付ける因子数 $p = v(N-1)$: この $v$ は，何倍の因子数を割り付けるかの尺度である飽和度であり，ここでは $v = 2, 3$ として評価する.
4. 効果のある因子数 $Q$: 過飽和実験計画では，列間が一般には直交しないので，列の効果と他の列との交絡による効果が合わさる．効果のある因子数が増えると正しい選択が困難になる．$Q = 1, 2, 3, 5, 7$ として評価する.
5. 誤差に比べた効果の大きさ $\beta/\sigma^2$ により，正しい選択の確率が異なる．計算の上では $\sigma^2 = 1$ とする．効果 $\beta$ について，すべての大きさが一定のモデルと，傾斜があり段階的に異なるモデルを用いる．一定の場合には，$\beta = 1, 2, 3, 5$ とする．傾斜があるモデルでは，最も大きな効果を $\beta_{\max} = \max\{\beta_p \mid p \in \mathcal{Q}\}$，2番目に大きな効果を $\frac{Q-1}{Q}\beta_{\max}$，$q$ 番目に大きな効果を $\frac{Q-q+1}{Q}\beta_{\max}$，$Q$ 番目に大きな効果を $\frac{1}{Q}\beta_{\max}$ とする．傾斜があるモデルでは，$\beta_{\max} = 1, 2, 3, 5$ とする.

上記の水準を設定した後に，繰返し数 10000 回のモンテカルロシミュレーションにより $P\left(q_1 \in \mathcal{S}^k\right), \ldots, P\left(q_k \in \mathcal{S}^k\right)$ を求める．その際，表 4.11 にある計画行列を用いる．またこれらの計画から用いる列，効果のある因子を割り付ける列は無作為に決める.

### 4.2.2　効果のある因子の選択確率の評価結果

横軸に選択の段階 $k$ をとり，効果のある因子が選択される確率についてまとめたものを，図 4.1，図 4.2 に示す．図 4.1 は効果の大きさに傾斜があるのに対し，図 4.2 では効果の大きさがすべての因子で共通である．図 4.1 においては，

(a) $(N, q)$　(b) $(t, q)$　(c) $(Q, q)$　(d) $(\beta_{\max}, q)$

ごとに，第 $k$ 段階までに選択される確率の挙動を示している．例えば，図 4.1(a) では，実験回数 $N$ が $8, 12, 16, 24$ の場合について，1 番目，2 番目，3 番目に大きな効果の検出確率を示している．その際，$v = 3, Q = 3$, $\beta_{\max} = 3$ に固定している．$(N, q) = (8, 1)$ では，これらの条件下で選択の第 1 段階で 1 番効果の大きな因子が選択される確率が 0.6 を超え，第 2 段階までには 0.7 を超えることがわかる．また，$(N, q) = (8, 2)$ では，2 番目に効果の大きな因子が第 1 段階で選択される確率は 0.05 程度であり，第 2 段階までの確率が 0.5 を超える．これらの図からわかることをまとめると，次のとおりとなる．

1. 選択の段階 $k$ が増加するに従い，一般には，効果のある因子の選択確率が上昇する．しかしながら，すべてが 1 に近づくのではなく，ある一定レベルに収束する．これは，効果のある因子数が多いものの実験回数が少ない場合などに顕著になる．したがって，ある程度の段階で選択を打ち切るのが合理的と考えられる．
2. 実験回数 $N$ が増えるにつれ，効果のある因子を選択する確率が増加する．例えば，図 4.1(a) $(N, q)$ において，$N = 8, 24$ を比べるとその差がよくわかる．これらを考えると，$N = 8$ は効果のある因子が高々 $1, 2$ と想定される場合に限定するのがよく，それより多い場合には $N$ がより大きな計画を用いた方がよい．
3. 飽和度 $v$ が大きくなるにつれ，効果のある因子を選択する確率が下がる．効果のある因子が 3 程度であったとしても，飽和度 $v$ が 3 の場合には，$N = 12$ 程度ではすべてを検出することができない．
4. 効果のある因子数 $Q$ が例えば 5 になると，交絡の影響により効果の

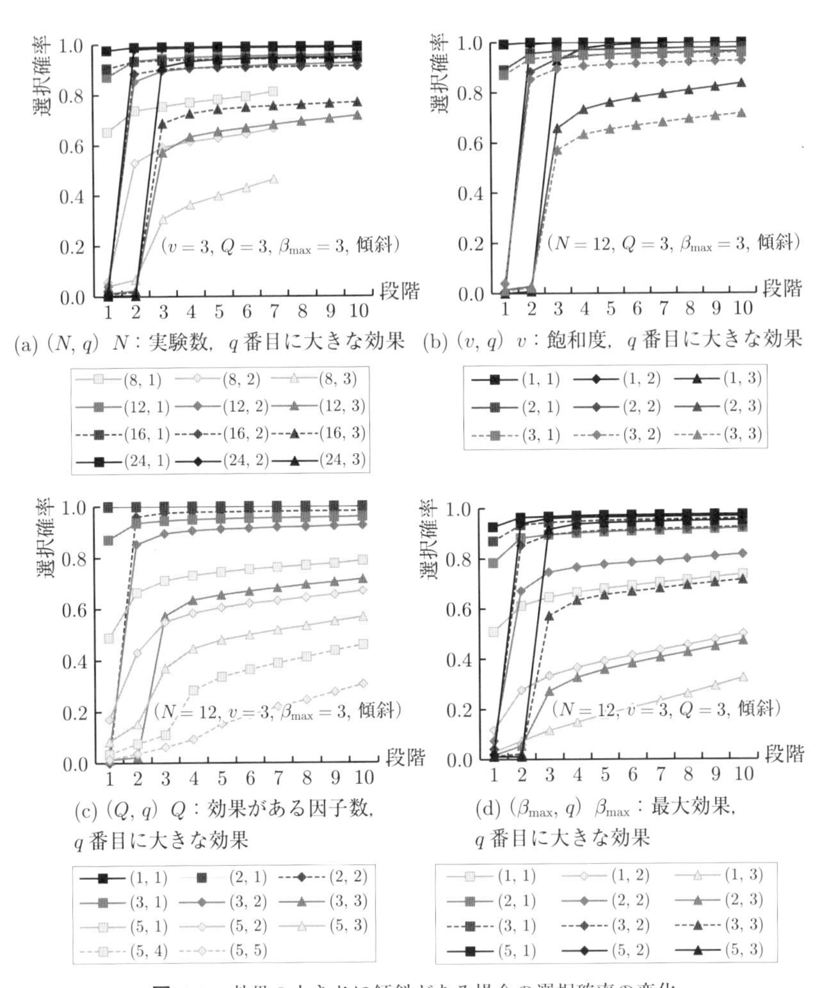


**図 4.1**　効果の大きさに傾斜がある場合の選択確率の変化

検出が困難になる．例えば，図 4.1(c) $(Q, q)$ において，5 番目に効果が大きな因子の検出は，期待できない．

5. 効果の大きさに傾斜がある場合の図 4.1 と，一定の場合の図 4.2 を比較すると，図 4.1 の方が相対的に効果の検出確率が高くなる．$N = 12$ の過飽和実験計画の場合，列間の相関係数の大きさが 0 または

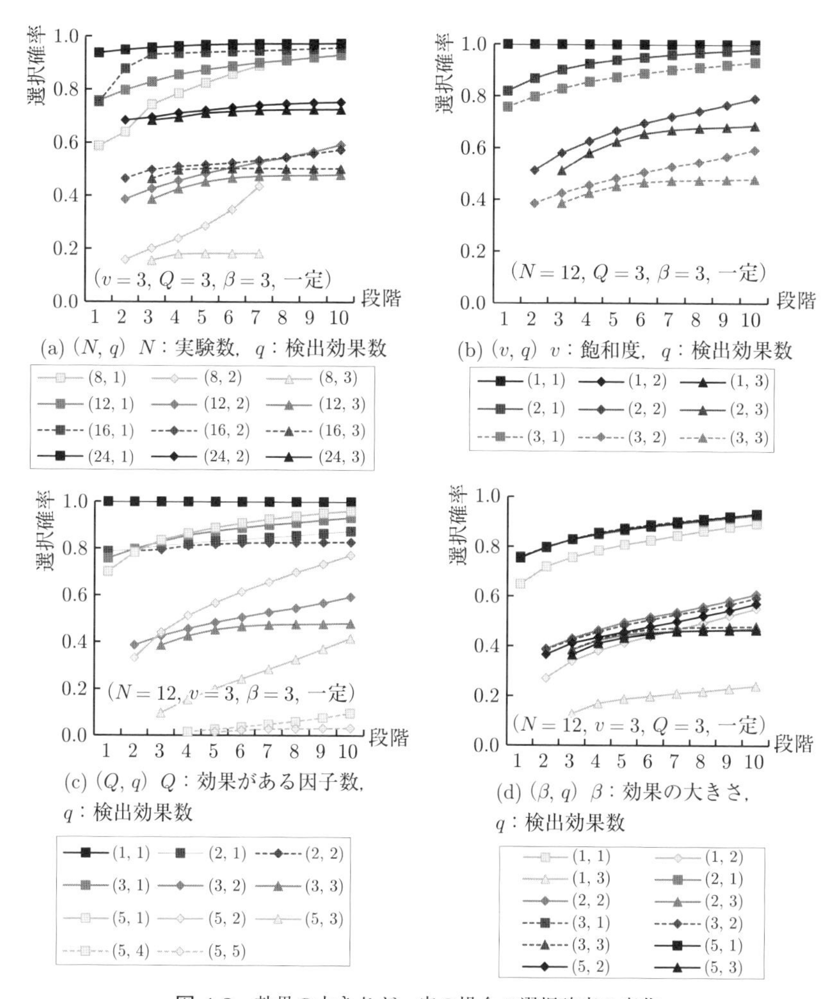


**図 4.2** 効果の大きさが一定の場合の選択確率の変化

$\pm 1/3$ である．効果がある 3 つの因子の列に交絡する列には，これらの効果の和が現れ，状況によっては元の効果と等しくなる．このような状況が起こりやすくなるため，傾斜型よりも一定型の方が選択確率が低くなる．

図4.1，図4.2の双方において，$k$を増やせば効果のある因子の選択確率が増加するが，ある一定レベルに収束するものがほとんどである．効果のある因子の選択という意味では，一定レベルで打ち切るのが実用的である．これらを検討するために，表4.12に第3段階までと第5段階までに，最も効果が大きな因子が選択される確率を示す．同様に，2番目に効果が大きな因子が選択される確率を表4.13に示す．これらは，$\beta_{\max} = 1, 2, 3$，$N = 8, 12, 16, 24$，$v = 2, 3$，$Q = 1, 2, 3, 5, 7$で計算している．

これらの表の多くの場合，第3段階における選択確率と第5段階における選択確率の差は，0.1以下である．このことは，第5段階まで選択を広げたとしても上位3つの効果の選択確率に大幅な変化はなく，第3段階までで検出される因子がほとんど決まることを示している．第2種の誤りが重要視される場合には第5段階まで広げてみてもよいが，その効果は限定的である．

さらに表4.12において，もっとも効果の大きな因子が選択できる確率についてほぼ0.8を超える組合せは，$\beta_{\max} \geq 2$の場合には$(N, v, Q) =$ (8, 2, 3), (8, 3, 2), (12, 2, 3), (12, 3, 3), (16, 2, 5), (16, 3, 3), (24, 2, 7), (24, 3, 5)，$\beta_{\max} = 1$の場合には$(N, v, Q) =$ (12, 2, 2), (12, 3, 1), (16, 2, 2), (16, 3, 1), (24, 2, 5), (24, 3, 3)である．事前に有する効果の大きな因子の数に関する知識とともに，これらを参考に実験回数を選ぶとよい．例えば，$N = 16$程度の実験で$p = 30$ $(v = 2)$程度の因子をスクリーニングしたい場合には，それが実質的に働くのは，効果のある因子が多くても5程度の場合である．また，$N = 8$で飽和度2程度の場合には，効果の大きな因子が高々1，2個で，それらの因子を検出するのに用いるという，先験的な知識の所有が前提となる．

### 4.2.3 Williamsのデータ解析についてのコメント

Williamsのデータについて，すべてのデータを用いた場合に，重要であるとされた因子は$x_{15}, x_{20}, x_{17}, x_4$である．前述の最初の半分実施の場合には$x_{15}, x_{12}, x_{20}, x_4, x_{10}$であり，後半の半分実施の場合には$x_4, x_{22}, x_{23}, x_{18}, x_{24}$である．この食い違いについて，いくつかの議論があり

**表 4.12** 最も大きな効果の選択確率

| | | | $v=2$ | | | | | $v=3$ | | | | |
|---|---|---|---|---|---|---|---|---|---|---|---|---|
| | | | Q= | | | | | Q= | | | | |
| $\beta$ | $N$ | 段階 | 1 | 2 | 3 | 5 | 7 | 1 | 2 | 3 | 5 | 7 |
| 1 | 8 | 3 | 0.75 | 0.68 | 0.60 | 0.49 | 0.42 | 0.66 | 0.57 | 0.49 | 0.37 | 0.32 |
| 1 | 12 | 3 | 0.87 | 0.81 | 0.73 | 0.60 | 0.48 | 0.82 | 0.74 | 0.65 | 0.50 | 0.40 |
| 1 | 16 | 3 | 0.91 | 0.85 | 0.79 | 0.66 | 0.56 | 0.87 | 0.79 | 0.71 | 0.57 | 0.47 |
| 1 | 24 | 3 | 0.98 | 0.96 | 0.92 | 0.81 | 0.71 | 0.98 | 0.94 | 0.89 | 0.76 | 0.64 |
| 2 | 8 | 3 | 1.00 | 0.93 | 0.80 | 0.59 | 0.48 | 0.99 | 0.88 | 0.69 | 0.47 | 0.37 |
| 2 | 12 | 3 | 1.00 | 0.99 | 0.94 | 0.75 | 0.59 | 1.00 | 0.98 | 0.90 | 0.67 | 0.49 |
| 2 | 16 | 3 | 1.00 | 0.99 | 0.93 | 0.81 | 0.67 | 1.00 | 0.98 | 0.90 | 0.74 | 0.58 |
| 2 | 24 | 3 | 1.00 | 1.00 | 0.99 | 0.93 | 0.82 | 1.00 | 1.00 | 0.98 | 0.89 | 0.78 |
| 3 | 8 | 3 | 1.00 | 0.99 | 0.85 | 0.62 | 0.48 | 1.00 | 0.97 | 0.75 | 0.48 | 0.37 |
| 3 | 12 | 3 | 1.00 | 1.00 | 0.97 | 0.80 | 0.61 | 1.00 | 1.00 | 0.94 | 0.71 | 0.51 |
| 3 | 16 | 3 | 1.00 | 1.00 | 0.96 | 0.83 | 0.69 | 1.00 | 1.00 | 0.94 | 0.77 | 0.62 |
| 3 | 24 | 3 | 1.00 | 1.00 | 0.99 | 0.94 | 0.85 | 1.00 | 1.00 | 0.99 | 0.91 | 0.80 |
| 1 | 8 | 5 | 0.80 | 0.73 | 0.67 | 0.58 | 0.53 | 0.70 | 0.61 | 0.54 | 0.44 | 0.39 |
| 1 | 12 | 5 | 0.89 | 0.84 | 0.77 | 0.66 | 0.56 | 0.84 | 0.76 | 0.68 | 0.54 | 0.46 |
| 1 | 16 | 5 | 0.93 | 0.87 | 0.81 | 0.70 | 0.62 | 0.88 | 0.81 | 0.73 | 0.61 | 0.52 |
| 1 | 24 | 5 | 0.99 | 0.97 | 0.93 | 0.85 | 0.77 | 0.98 | 0.95 | 0.90 | 0.79 | 0.69 |
| 2 | 8 | 5 | 1.00 | 0.94 | 0.84 | 0.67 | 0.58 | 0.99 | 0.89 | 0.72 | 0.52 | 0.44 |
| 2 | 12 | 5 | 1.00 | 0.99 | 0.95 | 0.80 | 0.67 | 1.00 | 0.99 | 0.91 | 0.71 | 0.54 |
| 2 | 16 | 5 | 1.00 | 0.99 | 0.94 | 0.83 | 0.72 | 1.00 | 0.98 | 0.91 | 0.76 | 0.61 |
| 2 | 24 | 5 | 1.00 | 1.00 | 0.99 | 0.94 | 0.87 | 1.00 | 1.00 | 0.98 | 0.90 | 0.81 |
| 3 | 8 | 5 | 1.00 | 0.99 | 0.88 | 0.69 | 0.58 | 1.00 | 0.98 | 0.78 | 0.54 | 0.44 |
| 3 | 12 | 5 | 1.00 | 1.00 | 0.97 | 0.85 | 0.70 | 1.00 | 1.00 | 0.95 | 0.75 | 0.56 |
| 3 | 16 | 5 | 1.00 | 1.00 | 0.96 | 0.85 | 0.74 | 1.00 | 1.00 | 0.94 | 0.79 | 0.66 |
| 3 | 24 | 5 | 1.00 | 1.00 | 1.00 | 0.95 | 0.88 | 1.00 | 1.00 | 0.99 | 0.92 | 0.83 |

(Lin, 1993; Wang et al., 1995)，過飽和実験計画による不安定さという点でのコメントが残されている．

まずこの実験は，$N = 14$, $p = 24$ なので，その飽和度は $v = 24/13 \approx 2$ となる．そこで，これに近い状況として，$N = 12$, $v = 2$ を考える．$N = 12$, $v = 2$, $Q = 4$ の場合には，表 4.12，表 4.13 より，第 3 段階までに 1 つ，または，2 つの効果がある因子を選択できる場合がほ

**表 4.13** 2 番目に大きな効果の選択確率

| | | | $v=2$ | | | | $v=3$ | | | |
|---|---|---|---|---|---|---|---|---|---|---|
| | | | Q= | | | | Q= | | | |
| $\beta$ | $N$ | 段階 | 2 | 3 | 5 | 7 | 2 | 3 | 5 | 7 |
| 1 | 8 | 3 | 0.30 | 0.36 | 0.37 | 0.35 | 0.21 | 0.26 | 0.27 | 0.25 |
| 1 | 12 | 3 | 0.32 | 0.42 | 0.42 | 0.39 | 0.25 | 0.33 | 0.33 | 0.29 |
| 1 | 16 | 3 | 0.37 | 0.49 | 0.49 | 0.44 | 0.30 | 0.39 | 0.40 | 0.35 |
| 1 | 24 | 3 | 0.49 | 0.66 | 0.65 | 0.57 | 0.43 | 0.60 | 0.58 | 0.50 |
| 2 | 8 | 3 | 0.62 | 0.58 | 0.44 | 0.38 | 0.50 | 0.45 | 0.31 | 0.27 |
| 2 | 12 | 3 | 0.81 | 0.82 | 0.59 | 0.45 | 0.75 | 0.75 | 0.48 | 0.35 |
| 2 | 16 | 3 | 0.86 | 0.86 | 0.68 | 0.55 | 0.81 | 0.79 | 0.61 | 0.47 |
| 2 | 24 | 3 | 0.97 | 0.97 | 0.86 | 0.72 | 0.96 | 0.96 | 0.81 | 0.66 |
| 3 | 8 | 3 | 0.89 | 0.73 | 0.46 | 0.39 | 0.83 | 0.59 | 0.32 | 0.27 |
| 3 | 12 | 3 | 0.98 | 0.93 | 0.66 | 0.48 | 0.97 | 0.89 | 0.55 | 0.38 |
| 3 | 16 | 3 | 0.99 | 0.93 | 0.73 | 0.58 | 0.98 | 0.90 | 0.65 | 0.51 |
| 3 | 24 | 3 | 1.00 | 0.99 | 0.89 | 0.75 | 1.00 | 0.99 | 0.85 | 0.70 |
| 1 | 8 | 5 | 0.43 | 0.48 | 0.48 | 0.47 | 0.30 | 0.34 | 0.35 | 0.33 |
| 1 | 12 | 5 | 0.40 | 0.50 | 0.51 | 0.48 | 0.31 | 0.39 | 0.39 | 0.36 |
| 1 | 16 | 5 | 0.44 | 0.56 | 0.56 | 0.52 | 0.35 | 0.44 | 0.45 | 0.41 |
| 1 | 24 | 5 | 0.57 | 0.72 | 0.73 | 0.67 | 0.49 | 0.65 | 0.64 | 0.57 |
| 2 | 8 | 5 | 0.69 | 0.66 | 0.53 | 0.50 | 0.55 | 0.50 | 0.39 | 0.35 |
| 2 | 12 | 5 | 0.84 | 0.86 | 0.68 | 0.56 | 0.78 | 0.78 | 0.54 | 0.42 |
| 2 | 16 | 5 | 0.89 | 0.88 | 0.74 | 0.63 | 0.83 | 0.81 | 0.64 | 0.53 |
| 2 | 24 | 5 | 0.98 | 0.98 | 0.89 | 0.81 | 0.97 | 0.96 | 0.84 | 0.72 |
| 3 | 8 | 5 | 0.92 | 0.78 | 0.56 | 0.50 | 0.85 | 0.63 | 0.40 | 0.35 |
| 3 | 12 | 5 | 0.99 | 0.95 | 0.74 | 0.60 | 0.98 | 0.91 | 0.61 | 0.45 |
| 3 | 16 | 5 | 0.99 | 0.94 | 0.77 | 0.67 | 0.99 | 0.91 | 0.68 | 0.56 |
| 3 | 24 | 5 | 1.00 | 0.99 | 0.92 | 0.83 | 1.00 | 0.99 | 0.87 | 0.76 |

とんどである．もしすべてのデータの解析結果が真であるとするならば，$x_{15}, x_{20}, x_{17}, x_4$ が効果の大きな因子であり，$Q=4$ となる．この状況は，効果がある因子をすべて選択するのは困難であり，1 つ，ないし，2 つの因子の効果の検出が期待できる．また，重要な因子は第 3 段階までに含まれている．このように考えると，どちらの半分実施も整合した結果となっている．端的にいえば，実験回数 $N=14$ で効果の大きな因子をすべて

選択するのは困難な状況であり，それがデータ解析の違いに現れているということになる．

## 4.3　いくつかの解析方法とそれらの比較

### 4.3.1　LASSO による解析

**ラジコンカーデータへの適用**

過飽和実験計画で収集されたデータの解析には，前章で述べた $F$ 値に基づく変数増加法，ベイズ流解析に加え，リッジ回帰などの正則化項を加えた解析（例えば，Li and Lin (2002)）や，LASSO, Dantzig selector, モデル平均化法などによる解析がある．**LASSO** (Least Absolute Shirinkage and Selection Operator) 回帰とは，目的変数ベクトル $\boldsymbol{y}$ に対し推定値 $\boldsymbol{X}\widehat{\boldsymbol{\beta}}$ の $\widehat{\boldsymbol{\beta}}$ を

$$\frac{1}{2N}||\boldsymbol{y}-\boldsymbol{X}\widehat{\boldsymbol{\beta}}||_2^2-\lambda||\widehat{\boldsymbol{\beta}}||_1 \tag{4.1}$$

を最小化するように定める方法である．式 (4.1) において，$||\cdot||_1$ はベクトルの $L_1$ ノルムであり，$||\widehat{\boldsymbol{\beta}}||_1=\sum_{j=1}^{P}|\widehat{\beta}_j|$ をあらわす．また，$||\cdot||_2$ はベクトルの $L_2$ ノルムであり，$||\boldsymbol{y}-\boldsymbol{X}\widehat{\boldsymbol{\beta}}||_2^2=(\boldsymbol{y}-\boldsymbol{X}\widehat{\boldsymbol{\beta}})^\top(\boldsymbol{y}-\boldsymbol{X}\widehat{\boldsymbol{\beta}})$ となる．LASSO は推定値を全体的に 0 に近づける縮小推定の 1 つであり，推定値が 0 になりやすいという性質を持つ．

計画行列 $\boldsymbol{X}$ については，複数の因子についてその変動範囲が基準化されている必要がある．本節では，水準が $-1,1$ からなる 2 水準過飽和実験計画とする．

また，計算上のパラメータ $\lambda$ については，いくつかの値であてはめを行い，平均二乗誤差（残差分散），AIC，BIC などの基準をもとにクロスバリデーションなどによりモデルの適合度を評価し，最もよいものを用いることが多い．

LASSO 回帰を表 4.1 のデータに適用し，$\log\lambda$ に対する効果の推定値の変化を図 4.3 に示す．この図の横軸は $\log\lambda$，縦軸は効果の推定値である．このような形式の図を，**解パス** (solution path) 図と呼ぶ．この図か

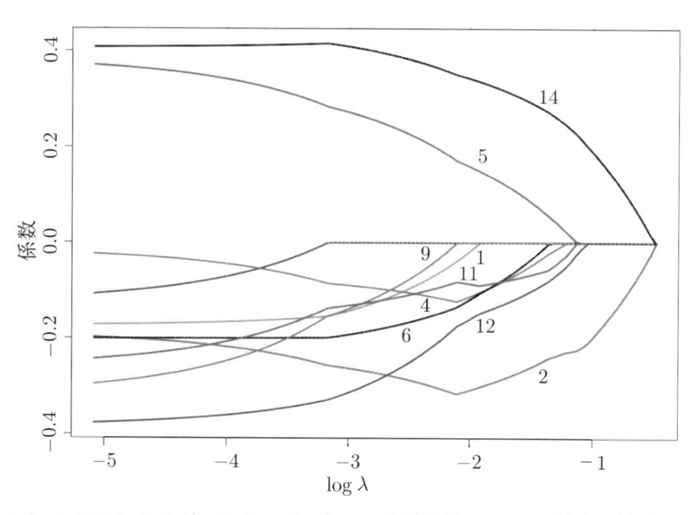


**図 4.3**　LASSO のラジコンカーデータへの適用結果：$\log\lambda$ に対する係数の変化

ら，$\lambda$ を小さくすると多くの変数を選択し，大きくすると選択する変数が減ることがわかる．過飽和実験計画のデータ解析の主目的は，効果の大きな因子の特定である．この主目的に照らし合わせると，この解パス図は有効な視覚化法である．例えば，$\log(\lambda) = -1$ の場合には，$x_2, x_{14}$ が選択される．すなわちこれらの因子を，他に比べて効果が大きな因子と判断する．また，$\lambda$ を徐々に小さくすると，$x_{12}, x_5, x_{11}$ が効果のある因子となる．

$\lambda$ について，**一個抜き** (leave-one-out) クロスバリデーションにより平均二乗誤差（残差分散）を最小化する $\lambda$ を求めると $\lambda = 0.023$ となる．そのときの効果の推定値を，変数増加法 (SW: Step-Wise) とともに表 4.14 に示す．

なお，これに掲載されていない因子は，LASSO，変数増加法ともに効果のある因子として特定されていない．すなわち，表 4.4 に示す変数増加法で効果があると特定された因子は，すべて LASSO でも同様に特定されている．さらに変数増加法で，$x_2, x_{14}$ が特に効果が大きいと特定されていて，LASSO でもこの傾向が見られる．一方，それよりも効果が小さい

**表 4.14**　LASSO，変数増加法で選択された因子

| 因子 | LASSO | SW |
|---|---|---|
| $x_1$ | −0.164 | − |
| $x_2$ | −0.225 | −0.949 |
| $x_3$ | −0.057 | − |
| $x_4$ | −0.052 | −0.608 |
| $x_5$ | 0.330 | 0.530 |
| $x_6$ | −0.200 | −0.523 |
| $x_9$ | −0.230 | − |
| $x_{11}$ | −0.194 | − |
| $x_{12}$ | −0.354 | − |
| $x_{14}$ | 0.412 | 0.669 |

ながらもある因子については若干異なっている．

**Williams のデータへの適用**

前述と同様に，表 4.9 の Williams のデータの半分実施過飽和実験計画について，同様に LASSO で解析を行う．その解パス図を図 4.4 に示す．$\lambda$ について，一個抜きクロスバリデーションにより平均二乗誤差（残差分散）を最小化する $\lambda$ を求めると $\lambda = 0.288$ となる．その下での効果の推定値は次のとおりである．

$$x_{15} : -0.467$$
$$x_{17} : -0.067$$

なお，残りの因子の効果はすべて 0 である．この結果と，表 4.10 に示す変数増加法による選択結果は異なる．具体的には，$x_{15}$ が両方で最も効果が大きな因子と推定されている点は共通であるが，それ以外が異なる．変数増加法では，$x_{15}$ 以外に $x_{20}$ をはじめとして多くの因子を効果があるとしているのに対し，LASSO では $x_{17}$ のみを効果があるとしている．なお $x_{17}$ は，変数増加法では選択されていない．

さらに，表 4.6 に示す Williams のデータすべてを用いて，LASSO で解析した解パス図を図 4.5 に示す．$\lambda$ について，一個抜きクロスバリデー

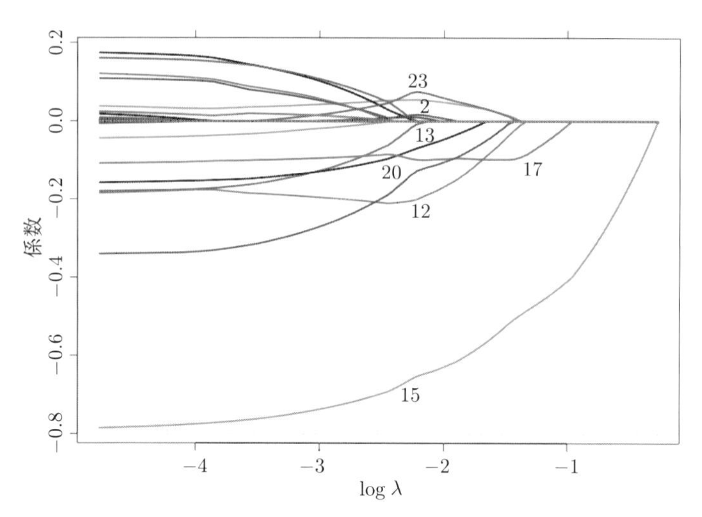


**図 4.4** LASSO の Williams の半分実施計画データへの適用結果：$\log \lambda$ に対する係数の変化

ションにより平均二乗誤差（残差分散）を最小化する値は $\lambda = 0.234$ となる．その下での効果の推定値は，次のとおりとなる．

$$
\begin{aligned}
x_4 &: \quad 0.017 \\
x_{15} &: -0.366 \\
x_{17} &: -0.061 \\
x_{20} &: -0.103
\end{aligned}
$$

なお，残りの因子の効果はすべて 0 である．

この全データによる解析結果の場合には，表 4.8 に示す変数増加法の結果と整合する．LASSO において効果が大きいとされた上位の因子が $x_{15}, x_{20}, x_{17}$ であり，これらは表 4.8 において効果が最も大きな因子から 3 番目までの因子である．

また，全データを用いた場合には，効果の大きさの $\lambda$ に対する変化を示す図において，線の交わりがない．図 4.5 において，因子間が直交しているため，各因子の効果の推定値の交絡がなく，それぞれの因子の大きさを個別に推定できることを示している．

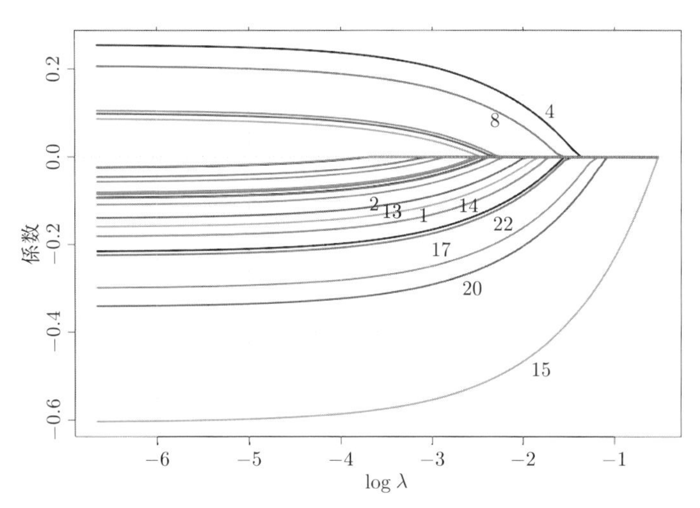


**図 4.5** LASSO の Williams の全データへの適用結果：log $\lambda$ に対する係数の変化

一方，半分実施の場合には，これらの線に交わりが生じる．これは，全データを用いた場合には因子間が直交しているために，効果の大きさの $\lambda$ に対する変化を示す図において交わりがなく，逐次的に変数が加わっている．一方，半分実施の場合には，一般には因子間が直交していないために，この図において効果の係数が不規則な動きとなり交わりが生じる．

### 4.3.2 計画と解析方法の組合せに関する評価

Lin (1993) 以降，過飽和実験計画の研究が多くなり始め，計画の構成方法だけでなく，解析方法の議論も行われている．例えば，Marley and Woods (2010), Draguljić et al. (2014) のように，LASSO，Dantzig selector に加え，縮小推定法，モデル平均化法などの比較が行われている．なお，モデル平均化法は，いくつかのモデルを設定し，当てはまり度合いに応じて重みをつけ，効果を推定する方法である．このような比較研究結果の 1 つとして，Ueda and Yamada (2022) を紹介する．

取り上げる過飽和実験計画は，Lin (1993), Wu (1993), Tang and Wu (1997), Liu and Dean (2004) である．また，実験回数について $N = 12$,

24, 48 である．さらに真の応答関数について，コンピュータ実験での適用を想定し

$$\boldsymbol{y} = \mu \mathbf{1}_N + \boldsymbol{X}\boldsymbol{\beta} \tag{4.2}$$

のように，誤差 $\boldsymbol{\varepsilon}$ が存在しない場合を考える．割り付ける因子数を $p$ とし，このうち $Q$ 個の因子に効果がある，すなわち $\beta_j \neq 0$ とする．効果の大きさ $\beta_i$ について，同一の値をとるモデルと，段階的に小さくなるモデルを設定する．実験回数，効果のある因子とその大きさを決めた後，効果のある $Q$ 因子を $p$ 列の計画に無作為に割り付ける．

データの解析に際しては，$F$ 値に基づく変数増加法，LASSO (Modified AIC, BIC)，Dantzig selector，モデル平均化法を取り上げる．Dantzig selector は，LASSO と同様な縮小推定法の 1 つである．過飽和実験計画で収集されたデータの解析には，Phoa et al. (2008) がその適用を検討している．Dantzig selector では，

$$\begin{aligned} &\min \quad ||\widehat{\boldsymbol{\beta}}||_1 \\ &\text{s.t.} \quad ||\boldsymbol{X}^\top(\boldsymbol{y} - \boldsymbol{X}\widehat{\boldsymbol{\beta}})||_\infty < \lambda \end{aligned} \tag{4.3}$$

となるように $\widehat{\boldsymbol{\beta}}$ を定める．推定値 $\widehat{\boldsymbol{\beta}}$ を求める際，$||\widehat{\boldsymbol{\beta}}||_1$ の最小化を考えているので，LASSO と同様に計画行列 $\boldsymbol{X}$ は複数の因子について基準化されている必要がある．本節でも，$\boldsymbol{X}$ が水準 $-1, 1$ からなる計画行列とする．また，$||\boldsymbol{X}^\top(\boldsymbol{y} - \boldsymbol{X}\widehat{\boldsymbol{\beta}})||_\infty = \max_j(|\widehat{\boldsymbol{\beta}}_j|)$ である．最小 2 乗法では $\boldsymbol{X}^\top(\boldsymbol{y} - \boldsymbol{X}\widehat{\boldsymbol{\beta}}) = \mathbf{0}$ であり，残差と $\boldsymbol{X}$ の相関が 0 になるが，Dantzig selector ではその制約を緩め相関を一定の範囲に抑えながら $\widehat{\boldsymbol{\beta}}$ を求める．

この比較では，$Q$ 個の効果のうち，いくつの効果が検出されたかを評価する．これらの結果のうち，$(12 \times 22)$, $(24 \times 46)$ の過飽和実験計画の評価結果を示す．$(12 \times 22)$ の計画では $Q = 5$，$(24 \times 46)$ では $Q = 10$ としている．

これらの計算結果をまとめたものを，図 4.6，図 4.7 に示す．また計算時には，それぞれの条件で 1000 回の繰返しを行っている．図の縦軸は，

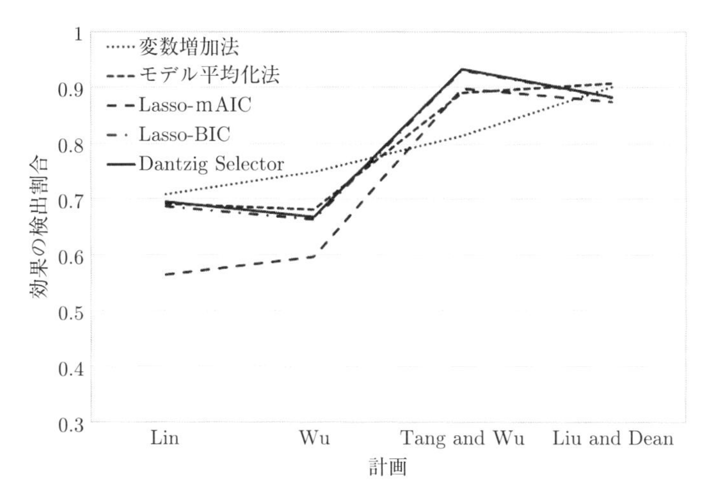


**図 4.6** $(12 \times 22)$ 過飽和実験計画と解析法の組合せによる比較

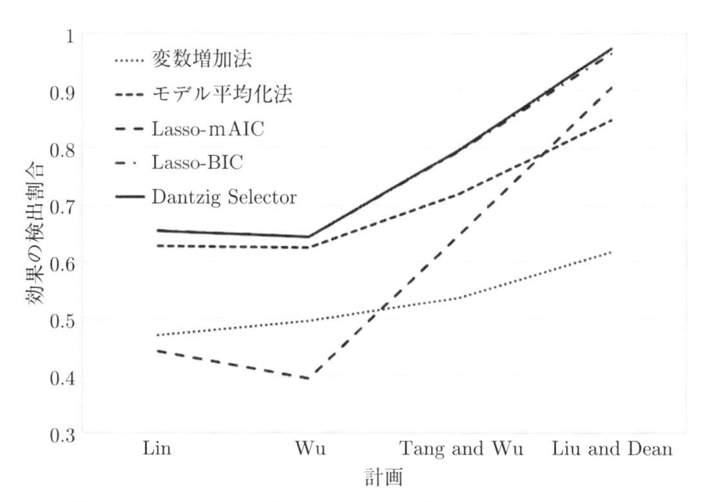


**図 4.7** $(24 \times 46)$ 過飽和実験計画と解析法の組合せによる比較

検出できた効果のある因子の個数を，真の応答関数での効果がある個数 $Q$ で除した効果の検出割合である．

この図から，どのような状況でもよい解析手法は存在せず，計画との組合せによって好ましい解析手法が異なることがわかる．全般的に，$F$ 値に基づく変数増加法は，効果のある因子の数が少なく，列間の交絡の影響があまり現れない状況においてよい結果を与える．

これに対し，効果のある因子が多くなり，列間の交絡の影響が多く現れる状況では，他の解析手法がよい結果を与える．すなわち，図4.6では効果のある因子が少なく，交絡の影響が大きくないため，$F$ 値に基づく変数増加法が図4.7よりも効果のある因子を検出する点でよい結果となっている．また，LASSO，Dantizg selector は両方の図において効果のある因子を検出できており，このような交絡の影響の回避がうまくいっているとみなせる．さらに，過飽和実験計画によって効果の検出力が異なっている．取り上げている計画において，Lin (1993), Tang and Wu (1997), Liu and Dean (2004) は $E\left(s^2\right)$ 最適な計画である．より詳細に調べると，内積の2乗 $s^2$ の分布により結果が異なる．以上のように，常によい計画と方法の組合せは存在せず，状況に応じた好ましい組合せに関する詳細な検討は今後も必要になる．

## 4.4 田口の確率対応法

### 4.4.1 概　要

田口 (1977) の第34章「確率対応法と殆直交表」では，多数の因子を $L_{27}\left(3^{13}\right)$ 直交配列表に割り付けて過飽和実験計画を構成し，データを解析している．そこに掲載されている例を，一部簡略化して説明する．ポリ塩化ビニル樹脂の中に細かい泡を作り，絶縁性をよくすることで，通話の損失を少なくしたり，材料の節約を目指したりしている．そのための実験で，第Iグループの因子として調合に関係する $x_1, \ldots, x_7$ と，第IIグループの因子として加工に関係する $x_8, \ldots, x_{11}$ を取り上げている．これらのうち，$x_3$ が2水準因子，それ以外が3水準因子である．なお掲載されている例では $x_3$ の水準に応じて $x_4$ の水準を変更している．また，これら以外の因子として，2水準因子のシリンダー温度などを取り上げ，分割実験を構成している．この水準設定や分割実験は，確率対応法に直接的に関連しないため説明を省略し，通常の完全無作為化計画として扱う．

第 I グループの調合関係因子 $x_1$ から $x_7$ について，交互作用 $x_5 \times x_6$, $x_5 \times x_7$, $x_6 \times x_7$ の存在を考え，3 水準直交配列表 $L_{27}\left(3^{13}\right)$ に割り付けている．具体的には，$x_1, x_2, \ldots, x_7$ を $L_{27}\left(3^{13}\right)$ の [9], [10], [12], [13], [5], [1], [2] にそれぞれ割り付けている．これにより，第 I グループの調合関係因子に関する計画 I を構成している．

同様に，第 II グループの加工関係因子 $x_8$ から $x_{11}$ についても，3 水準直交配列表 $L_{27}\left(3^{13}\right)$ への割付けを考え，計画 II を構成している．その際，交互作用 $x_8 \times x_9, x_9 \times x_{10}, x_9 \times x_{11}$ の存在を考慮して，$x_8, x_9, x_{10}, x_{11}$ を [3], [5], [1], [2] に割り付けている．

そして計画 I の行と，計画 II の行をランダムに対応させている．例えば，計画 I の第 1 行と計画 II の第 3 行を対に，計画 I の第 2 行と計画 II の第 4 行を対に，計画 I の第 3 行と計画 II の第 15 行を対にしている．その結果を，表 4.15 に示す．この表において，I，II の列は，それぞれの行番号を示している．なお，このようにしてすべての対をランダムに求めているので，確率対応法と呼んでいると思われる．

データ解析法として，行の入れ替えをした計画の特性を生かした逐次的な方法を示している．まず，第 I グループの因子の効果を推定し，応答変数のデータから効果が大きいと思われる要因効果の影響を取り除く．例えば，$x_1$ の主効果が大きく第 1 水準の場合に応答変数が大きくなると推定された場合には，その分を応答変数値から減じる．このように，効果が大きいと思われる要因効果のすべてについて，応答変数値の補正を行い，第 II グループの応答値として，データ解析をおこなう．次に，第 II グループの因子の効果を，第 I グループの因子の効果を取り除いた応答変数値を用いて推定する．このように推定した第 II グループの因子の効果を応答変数のデータから取り除き，改めて第 I グループの因子の効果を求める．以下同様の推定を繰返す．

計画 I をもとに，一般平均をあらわすすべての要素が 1 の $N \times 1$ ベクトルを加え，さらにそれぞれの因子の水準を適当なダミー変数により表現した行列を $\boldsymbol{X}_{\mathrm{I}}$ とし，応答変数 $y$ の測定値からなる $N \times 1$ ベクトルを $\boldsymbol{y}$ とする．計画 $\boldsymbol{X}_{\mathrm{I}}$ が直交行列であり，列数が飽和していないので，効果の

**表 4.15** 確率対応法によるポリ塩化ビニル実験の計画

| I | II | $x_1$ [9] | $x_2$ [10] | $x_3$ [12] | $x_4$ [13] | $x_5$ [5] | $x_6$ [1] | $x_7$ [2] | $x_8$ [3] | $x_9$ [5] | $x_{10}$ [1] | $x_{11}$ [2] |
|---|---|---|---|---|---|---|---|---|---|---|---|---|
| 1 | 3 | 1 | 1 | 1 | 1 | 1 | 1 | 1 | 1 | 3 | 1 | 1 |
| 2 | 4 | 2 | 2 | 2 | 2 | 2 | 1 | 1 | 2 | 1 | 1 | 2 |
| 3 | 15 | 3 | 3 | 3 | 3 | 3 | 1 | 1 | 3 | 3 | 2 | 2 |
| 4 | 10 | 2 | 2 | 3 | 3 | 1 | 1 | 2 | 2 | 1 | 2 | 1 |
| 5 | 7 | 3 | 3 | 1 | 1 | 2 | 1 | 2 | 3 | 1 | 1 | 3 |
| 6 | 22 | 1 | 1 | 2 | 2 | 3 | 1 | 2 | 1 | 1 | 3 | 2 |
| 7 | 5 | 3 | 3 | 2 | 2 | 1 | 1 | 3 | 2 | 2 | 1 | 2 |
| 8 | 2 | 1 | 1 | 3 | 3 | 2 | 1 | 3 | 1 | 2 | 1 | 1 |
| 9 | 19 | 2 | 2 | 1 | 1 | 3 | 1 | 3 | 3 | 1 | 3 | 1 |
| 10 | 9 | 2 | 3 | 2 | 3 | 1 | 2 | 1 | 3 | 3 | 1 | 3 |
| 11 | 17 | 3 | 1 | 3 | 1 | 2 | 2 | 1 | 1 | 2 | 2 | 3 |
| 12 | 27 | 1 | 2 | 1 | 2 | 3 | 2 | 1 | 2 | 3 | 3 | 3 |
| 13 | 26 | 3 | 1 | 1 | 2 | 1 | 2 | 2 | 2 | 2 | 3 | 3 |
| 14 | 24 | 1 | 2 | 2 | 3 | 2 | 2 | 2 | 1 | 3 | 3 | 2 |
| 15 | 8 | 2 | 3 | 3 | 1 | 3 | 2 | 2 | 3 | 2 | 1 | 3 |
| 16 | 12 | 1 | 2 | 3 | 1 | 1 | 2 | 3 | 2 | 3 | 2 | 1 |
| 17 | 23 | 2 | 3 | 1 | 2 | 2 | 2 | 3 | 1 | 2 | 3 | 2 |
| 18 | 21 | 3 | 1 | 2 | 3 | 3 | 2 | 3 | 3 | 3 | 3 | 1 |
| 19 | 14 | 3 | 2 | 3 | 2 | 1 | 3 | 1 | 3 | 2 | 2 | 2 |
| 20 | 1 | 1 | 3 | 1 | 3 | 2 | 3 | 1 | 1 | 1 | 1 | 1 |
| 21 | 11 | 2 | 1 | 2 | 1 | 3 | 3 | 1 | 2 | 2 | 2 | 1 |
| 22 | 25 | 1 | 3 | 2 | 1 | 1 | 3 | 2 | 2 | 1 | 3 | 3 |
| 23 | 18 | 2 | 1 | 3 | 2 | 2 | 3 | 2 | 1 | 3 | 2 | 3 |
| 24 | 13 | 3 | 2 | 1 | 3 | 3 | 3 | 2 | 3 | 1 | 2 | 2 |
| 25 | 16 | 2 | 1 | 1 | 3 | 1 | 3 | 3 | 1 | 1 | 2 | 3 |
| 26 | 6 | 3 | 2 | 2 | 1 | 2 | 3 | 3 | 2 | 3 | 1 | 2 |
| 27 | 20 | 1 | 3 | 3 | 2 | 3 | 3 | 3 | 3 | 2 | 3 | 1 |

最小 2 乗推定値は

$$\widehat{\boldsymbol{\beta}}_{\mathrm{I}} = \left(\boldsymbol{X}_{\mathrm{I}}^{\top}\boldsymbol{X}_{\mathrm{I}}\right)^{-1}\boldsymbol{X}_{\mathrm{I}}^{\top}\boldsymbol{y} = \frac{1}{N}\boldsymbol{X}_{\mathrm{I}}^{\top}\boldsymbol{y}$$

で与えられる．この $\widehat{\boldsymbol{\beta}}_{\mathrm{I}}$ のうち，効果が大きい要因効果を求め，それらのみからなる計画 $\boldsymbol{X}_{\mathrm{I}}^{*}$ を構成し，効果の推定値

$$\widehat{\boldsymbol{\beta}}_{\mathrm{I}}^{*} = \left(\boldsymbol{X}_{\mathrm{I}}^{*\top}\boldsymbol{X}_{\mathrm{I}}^{*}\right)^{-1}\boldsymbol{X}_{\mathrm{I}}^{*\top}\boldsymbol{y} = \frac{1}{N}\boldsymbol{X}_{\mathrm{I}}^{*\top}\boldsymbol{y}$$

を求める．この $\widehat{\boldsymbol{\beta}}_{\mathrm{I}}^{*}$ の影響を，応答変数 $\boldsymbol{y}$ から

$$\boldsymbol{y}_{\mathrm{II}} = \boldsymbol{y} - \boldsymbol{X}_{\mathrm{I}}^{*}\widehat{\boldsymbol{\beta}}_{\mathrm{I}}^{*} = \boldsymbol{y} - \frac{1}{N}\boldsymbol{X}_{\mathrm{I}}^{*}\boldsymbol{X}_{\mathrm{I}}^{*\top}\boldsymbol{y} \tag{4.4}$$

として取り除く．次に，$\boldsymbol{y}_{\mathrm{II}}$ を用いて，第 II グループの効果の推定値 $\widehat{\boldsymbol{\beta}}_{\mathrm{II}}$ を求める．このうち効果の大きな要因効果を求め，それらのみからなる計画 $\boldsymbol{X}_{\mathrm{II}}^{*}$ を構成する．これを用いて

$$\widehat{\boldsymbol{\beta}}_{\mathrm{II}}^{*} = \frac{1}{N}\boldsymbol{X}_{\mathrm{II}}^{*\top}\boldsymbol{y}_{\mathrm{II}}$$

を求め，$\boldsymbol{y}$ からその影響を取り除き

$$\boldsymbol{y}_{\mathrm{I}} = \boldsymbol{y} - \boldsymbol{X}_{\mathrm{II}}^{*}\widehat{\boldsymbol{\beta}}_{\mathrm{II}}^{*} = \boldsymbol{y} - \frac{1}{N}\boldsymbol{X}_{\mathrm{II}}^{*}\boldsymbol{X}_{\mathrm{II}}^{*\top}\boldsymbol{y} \tag{4.5}$$

とする．次に，第 II グループの効果の大きな因子の影響を取り除いた $\boldsymbol{y}_{\mathrm{I}}$ を応答変数とし，上記と同様の第 I グループの因子に基づく解析を行う．この手順を繰返し，最終的に効果のある因子とその効果を特定する．

### 4.4.2 数値例

前述のラジコンカーシミュレータについて，表 4.2 の因子，水準をもとに，行の入れ替えにより過飽和実験計画を構成し，収集したデータを確率対応法により解析する．確率対応法は，因子を 2 つのグループに分け，それぞれのグループを別々の直交計画に割り付け，2 つの直交計画をランダムに対応付けることで過飽和実験計画を構成する．先に示した表 4.1 は，このようにして構成している．具体的に，この実験回数 $N = 12$ の過飽和実験計画は，$x_1, \ldots, x_7$ に関する直交計画 I と，$x_8, \ldots, x_{14}$ に関する直交計画 II を組み合わせている．これに，取り上げる因子の記号，水準も示している．これらの水準で測定したラジコンカーシミュレータの応答値を，$y$ の列に示している．

まず，計画 I の $x_1, \ldots, x_7$ と $y$ を最小 2 乗法で解析する．$F$ 値が 2 を超えることを，因子のスクリーニングの目安とする．この解析で効果が大きいとされる因子は $x_2, x_5$ であり，$\widehat{\beta}_2 = -1.172, \widehat{\beta}_5 = 0.7514$ である．

これらの因子の効果を，応答変数値 $\boldsymbol{y}$ から取り除く．例えば，この表の第 1 行目の実験水準は $x_2 = 1, x_5 = 1$ であり，このときの応答値 $y$ には $\widehat{\beta}_2 + \widehat{\beta}_5 = -1.172 + 0.751 = -0.420$ が含まれているので，$y = 13.88$ からこの値を取り除き $13.88 - (-0.420) = 14.30$ とする．同様に，第 4 行目の実験水準は $x_2 = -1, x_5 = -1$ なので，$y = 16.35$ から $-\widehat{\beta}_2 - \widehat{\beta}_5 = 1.172 - 0.751 = 0.420$ を取り除き，$16.35 - 0.420 = 15.93$ とする．これと同様の補正をすべての応答値に行い，第 II グループの因子を解析するための応答 $\boldsymbol{y}_{\mathrm{II}}$ を求める．その結果をまとめたものを表 4.16 の第 2 列 (1) $\boldsymbol{y}_{\mathrm{II}}$ に示す．

次に，$\boldsymbol{y}_{\mathrm{II}}$ と計画 II の $x_8, \ldots, x_{14}$ を用いて，効果の大きな因子を求める．この解析で効果が大きいとされる因子は $x_{13}, x_{14}$ であり，$\widehat{\beta}_{13} = -0.631, \widehat{\beta}_{14} = 0.520$ である．これらの因子の効果を，応答変数値 $\boldsymbol{y}$ から取り除く．例えば，表 4.1 の第 1 行目の実験水準は $x_{13} = 1, x_{14} = 1$ であり，このときの応答値 $y$ には $\widehat{\beta}_{13} + \widehat{\beta}_{14} = -0.631 + 0.520 = -0.111$ が含まれているので，$y = 13.88$ からこの値を取り除き $13.88 - (-0.111) = 13.99$ とする．同様に，第 11 行目の実験水準は $x_{13} = -1, x_{14} = -1$ なので，$y = 13.74$ から $-\widehat{\beta}_{13} - \widehat{\beta}_{14} = -(-0.631) - 0.520 = 0.111$ を取り除き，$13.74 - 0.111 = 13.63$ とする．これと同様の補正をすべての応答値に行い，第 II グループの因子を解析するための応答 $\boldsymbol{y}_{\mathrm{I}}$ を求める．その結果をまとめたものを表 4.16 の第 3 列 (2) $\boldsymbol{y}_{\mathrm{I}}$ に示す．これと同様の解析を繰返した結果を表 4.16 の第 4,5,6 列 (3) に示す．

これらの繰返しの間，第 I グループでは $x_2, x_5$ が，第 II グループでは $x_{13}, x_{14}$ が効果の大きな因子として特定されている．スクリーニングを $F$ 値に基づく変数増加法で実施すると，まず，$x_2, x_{14}$ が効果が大きいと判定され，次に，$x_4, x_6, x_5$ が選ばれる．また，LASSO の場合には $\lambda$ を変化させると，まず $x_2, x_{14}$ の効果が大きいとされ，その後 $x_{12}, x_5, x_9$ が選ばれる．最初の 2 因子は等しいものの，残りの因子は多少異なる．これらの解析結果と確率対応法による解析結果を比較すると，比較的大きな効果の因子が検出できる点は同じであるが，効果が小さい因子については結果が異なっている．これらの手法に関する詳細な比較は，今後の検討課題

**表 4.16** 効果の推定値に基づく応答の補正

| | $\boldsymbol{y}$ | (1) $\boldsymbol{y}_{\mathrm{II}}$ | (2) $\boldsymbol{y}_{\mathrm{I}}$ | (3) $\boldsymbol{y}_{\mathrm{II}}$ | (3) $\boldsymbol{y}_{\mathrm{I}}$ | (3) $\boldsymbol{y}_{\mathrm{II}}$ |
|---|---|---|---|---|---|---|
| 1 | 13.88 | 14.30 | 13.99 | 14.30 | 14.03 | 14.30 |
| 2 | 13.55 | 13.97 | 14.70 | 13.97 | 14.70 | 13.97 |
| 3 | 17.66 | 15.74 | 17.77 | 15.66 | 17.82 | 15.63 |
| 4 | 16.35 | 15.93 | 16.46 | 15.93 | 16.51 | 15.93 |
| 5 | 18.23 | 18.65 | 17.08 | 18.65 | 17.08 | 18.65 |
| 6 | 15.81 | 15.39 | 16.96 | 15.39 | 16.96 | 15.39 |
| 7 | 16.01 | 15.59 | 14.86 | 15.59 | 14.86 | 15.59 |
| 8 | 18.38 | 16.46 | 17.23 | 16.38 | 17.23 | 16.35 |
| 9 | 13.15 | 15.08 | 13.04 | 15.15 | 12.99 | 15.18 |
| 10 | 13.96 | 15.89 | 13.85 | 15.96 | 13.80 | 15.99 |
| 11 | 13.74 | 15.67 | 13.63 | 15.74 | 13.58 | 15.77 |
| 12 | 16.36 | 14.44 | 17.51 | 14.36 | 17.51 | 14.33 |

である．

### 4.4.3 解　説

確率対応法の根拠として，田口 (1977) では次の説明を与えている．第 II グループの組の要因効果は，最大の要因が入っている第 I グループの組に比較して，最大の要因効果の 2 倍くらいとする．第 II グループの要因効果が，誤差分散に比べて十分大きいとすると，$F$ は 7.5 を中心に分布するので，この効果はほぼ確実に見つかる．さらに第 II グループの要因効果については，大きな第 I グループの要因効果が取り除かれているので，これらも見つかることが期待される．

また椿 (2018) では，確率対応法と**傾向スコア** (propensity score) 法との比較を論じている．その中では，確率対応法を実験計画の無作為化に基づく推論方式と説明し，傾向スコアが理論的に整備されるはるか前から提案されていることの意義を指摘している．

確率対応法には，計画の構成，データ解析についてさまざまな興味深い点が含まれている．と同時に未解明な点も多く残っている．今後の検討が期待される．

# 参考文献

[1] Abraham, B., Chipman, H. and Vijayan, K., (1999), Some risks in the construction and analysis of supersaturated designs, *Technometrics*, **41** (2), 135–141.

[2] Beattie, S. D., Fong, D. K. H. and Lin, D. K. J., (2002), A two-stage Bayesian model selection strategy for supersaturated designs, *Technometrics*, **44** (1), 55–63.

[3] Bulter, N. A., Mead, R., Eskridge, K. M. and Gilmour, S. G., (2001), A general method of constructing $E\left(s^2\right)$-optimal supersaturated designs, *Journal of Royal Statistical Society*, Series B, **63** (3), 621–632.

[4] Booth, K. H. V. and Cox, D. R., (1962), Some systematic supersaturated designs, *Technometrics*, **4** (4), 489–495.

[5] Cheng, C. S., (1997), $E\left(s^2\right)$-optimal supersaturated designs, *Statistica Sinica*, **7** (4), 929–939.

[6] Cossari, A., (2008), Applying Box-Meyer method for analyzing supersaturated designs, *Quality Technology and Quantitative Management*, **5** (4), 393–401.

[7] Das, A., Dey, A., Chan, L. Y. and Chatterjee, K., (2008), $E\left(s^2\right)$-optimal supersaturated designs, *Journal of Statistical Planning and Inference*, **138**, 3749–3757.

[8] Draguljić, D., Woods, D. C., Dean, A. M., Lewis, S. M. and Vine, A. J. E., (2014), Screening strategies in the presence of interactions, *Technometrics*, **56** (1), 1–16.

[9] Fang, K. T., Lin D. K. J. and Ma C. X., (2000), On the construction of multi-level supersaturated designs, *Journal of Statistical Planning and Inference*, **86**, 239–252.

[10] Georgiou, S. D., (2014), Supersaturated designs: A review of their construction and analysis, *Journal of Statistical Planning and Inference*, **144**, 92–109.

[11] Gupta, S. and Kohli, P., (2008), Analysis of supersaturated designs: a review, *Journal of the Indian Society of Agricultural Statistics*, **62** (2), 156–168.

[12] Jones, B. and Majumdar, D., (2014), Optimal supersaturated designs, *Journal of American Statistical Association*, **109** (508), 1592–1600.

[13] Jones, B., Lekivetz, R., Majumdar, D., Nachtsheim, C. J. and Stallrich, J. W., (2020), Construction, properties, and analysis of group-orthogonal supersaturated designs, *Technometrics*, **62** (3), 403–414.

[14] 飯田孝久, (1994), $L_{12}$ から導かれる 2 水準過飽和実験計画, 応用統計学, **23** (3), 147–153.

[15] Kiefer, J., (1958), On the nonrandomized optimality and randomized nonoptimality of symmetrical designs, *Annals of Mathematical Statitics*, **29** (3), 675–699.

[16] Kiefer, J. and Wolfowitz, J., (1959), Optimum Designs in Regression Problems, *Annals of Mathematical Statistics*, **30** (2), 271–294.

[17] Lin, D. K. J., (1993), A new class of supersaturated designs, *Technometrics*, **35** (1), 28–31.

[18] Li, R. and Lin, D. K. L., (2002), Data analysis in supersaturated designs, *Statistics and Probability Letters*, **59**, 135–144.

[19] Li, R. and Lin, D. K. L., (2003), Analysis Methods for Supersaturated Design: Some Comparisons, *Journal of Data Science*, **1**, 103–121.

[20] Liu, Y. and Dean, A., (2004), $k$-Circulant supersaturated designs, *Technometrics*, **46** (1), pp. 32–43.

[21] 宮川雅巳, (2000), 品質を獲得する技術, 日科技連出版社.

[22] Marley, C. J. and Woods, D. C., (2010), A comparison of design and model selection methods for supersaturated designs, *Computational Statistics and Data Analysis*, **54** (12), 3158–3167.

[23] Montgomery, D. C., (2001), *Design and analysis of experiments 5th edition*, Wiley.

[24] Nguyen, N. K., (1996), An algorithmic approach to constructing supersaturated designs, *Technometrics*, **38** (1), 67–73.

[25] Nguyen, N. K. and Chen, C. S., (2008), New $E\left(s^2\right)$-optimal supersaturated designs constructed from incomplete block designs, *Technometrics*, **50** (1), 26–31.

[26] Oishi, Y. and Yamada, S., (2020), Evaluation on alias relation of interactions in Plackett Burman design and its application to guide assignments, *Total Quality Science*, **5** (2), 81–91.

[27] Phoa, F. K. H., Pan, Y. H. and Xu, H., (2008), Analysis of supersaturated designs via the Dantzig selector, *Journal of Statistical Planning and Inference*, **139**, 2362–2372.

[28] Satterthwaite, F. E., (1959), Random balance experimentation, *Technometrics*, **1** (2), 111-137.

[29] Tang, B. and Wu, C. F. J., (1997), A method for constructing supersatu-

dated designs and its $Es^2$ optimality, *Canadian Journal of Statistics*, **25** (2), 191-201.

[30] 田口玄一, (1977), 実験計画法 第 3 版 (下), 丸善, 906-937.

[31] 椿広計, (2018), 田口玄一の実験計画法-統計学に対する貢献-, 第 9 回横幹連合コンファレンス.

[32] Ueda, A. and Yamada, S., (2022), Discussion on supersaturated design and its data analysis method in computer experiments, *Total Quality Science*, **7** (2), 60-68.

[33] Wang, P. C., Wold, N. K. and Lin, D. K. L., (1995), Comments on Lin (1993), *Technometrics*, **37** (3), 358-359.

[34] Westfall, P. H., Young, S. S. and Lin, D. K. L., (1998), Forward selection error control in the analysis of supersaturated design, *Statistica Sinica*, **8** (1), 101-117.

[35] Williams, K. R., (1963), Comparing screening designs, *Industrial and Engineering Chemistry*, **55** (6), 29-32.

[36] Williams, K. R., (1968), Designed experiments, *Rubber age*, (August), 65-71.

[37] Wu, C. F. J., (1993), Construction of supersaturated designs through partially aliased interactions, *Biometrika*, **80** (3), 661-669.

[38] Wu, C. J. F. and Hamada, M. S., (2009), *Experiments 2nd ed.*, Wiley.

[39] Yamada, S., (2004), Selection of active factors by stepwise regression in the data analysis of supersaturated design, *Quality Engineering*, **16** (4), 501-513.

[40] 山田 秀, (2004), 実験計画法-方法編-, 日科技連出版社.

[41] Yamada, S. and Lin, D. K. J., (1997), Supersaturated design including an orthogonal base, *Canadian Journal of Statistics*, **25** (2), 203-213.

[42] Yamada, S., Ikebe, Y., Hashiguchi, H. and Niki, N., (1999), Construction of three-level supersaturated designs, *Journal of Statistical Planning and Inference*, **81**, 183-193.

[43] Yamada, S. and Lin, D. K. J., (1999), Three-level supersaturated design, *Statistics and Probability Letters*, **45**, 31-39.

[44] Yamada, S. and Lin, D. K. J., (2002), Construction of mixed-level supersaturated designs, *Metrika*, **56**, 205-214.

[45] Yamada, S. and Matsui, T., (2002), Optimality of mixed-level supersaturated designs, *Journal of Statistical Planning and Inference*, **104**, 459-468.

[46] Yamada, S., Matsui, M., Matsui, T., Lin, D. K. J. and Takahashi, T., (2006), A general construction method for mixed-level supersaturated design, *Computational Statistics and Data Analysis*, **50**, 254-265.

[47] かわにし, (2004), RC カーシミュレータについて, 2020 年 8 月 19 日アクセス, `http://okirakurc.c.ooco.jp/calc/calc_abst.htm`.

# 索　　引

【欧字】



【ア行】



【カ行】



【サ行】



【タ行】

【ナ行】



【ハ行】



【マ行】



【ヤ行】



【ラ行】



【ワ行】

〈著者紹介〉

山田 秀（やまだ しゅう）

1993 年　東京理科大学大学院工学研究科 博士（工学）取得
現　在　慶應義塾大学理工学部 教授
専　門　データサイエンス，クオリティマネジメント，実験計画法
主　著　『実験計画法 方法編――基盤的方法から応答曲面法、タグチメソッド、最適計画まで』（日科技連出版社，2004 年）
『実験計画法 活用編――技術研究での開発・設計成功事例』（日科技連出版社，2004 年）
『TQM 品質管理入門』（日本経済新聞社，2006 年）
『統計的データ解析の基本』（サイエンス社，2019 年）

統計学 **One Point 23**

実験計画法

―過飽和計画の構成とデータ解析―

*Design of Experiments: Construction and Data Analysis of Supersaturated Designs*

2023 年 9 月 15 日　初版 1 刷発行

検印廃止
NDC 417.7

ISBN 978-4-320-11274-2

著　者　山田　秀　© 2023

発行者　南條光章

発行所　**共立出版株式会社**
〒112-0006
東京都文京区小日向 4-6-19
電話番号　03-3947-2511（代表）
振替口座　00110-2-57035
www.kyoritsu-pub.co.jp

印　刷　大日本法令印刷
製　本　協栄製本

一般社団法人
自然科学書協会
会員

Printed in Japan